目录

第三章　包装的视觉元素设计

第四章　包装的造型设计

包装设计流程

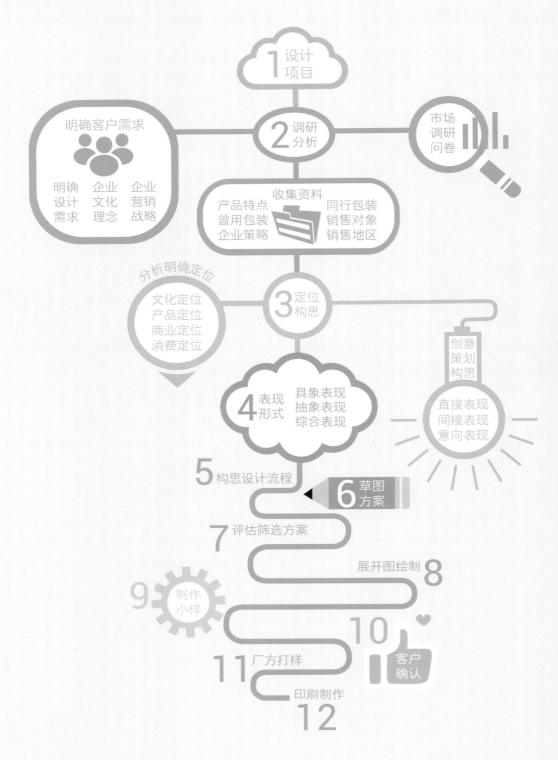

1 设计项目

2 调研分析

明确客户需求
明确设计需求　企业文化理念　企业营销战略

市场调研问卷

收集资料
产品特点　同行包装
曾用包装　销售对象
企业策略　销售地区

分析明确定位
文化定位
产品定位
商业定位
消费定位

3 定位构思

创意策划构思
直接表现
间接表现
意向表现

4 表现形式
具象表现
抽象表现
综合表现

5 构思设计流程

6 草图方案

7 评估筛选方案

展开图绘制 8

9 制作小样

10 客户确认

11 厂方打样

印刷制作
12

第一章

走进包装设计

包装的定义和功能
包装的古今融汇

1

第一节　包装的定义和功能

案例：Shiawase Banana 香蕉包装

Shiawase Banana，香蕉包装设计，Nendo 设计公司

2015 年，日本设计公司 Nendo 为 Unifrutti 农产品公司设计了一款香蕉包装。该款香蕉的产地为菲律宾棉兰老岛，岛上海拔 1 000 米以上出产高品质香蕉，在种植时只使用有机肥料，因此，这里的香蕉是名副其实的有机香蕉，曾以高品质和绝佳的口味赢得了比利时顶级美味大赛的冠军。

Nendo 的设计师并不希望用奢华的包装去装点这款高品质环保香蕉，他们避开了包装盒，直接在香蕉表皮上做文章——一个双层的贴纸应运而生！第一层贴纸模仿了香蕉的色彩与质感，包括逼真的"瘀伤"和变色；揭开第一层贴纸，第二层贴纸模仿了香蕉果肉的质感，并展示关于香蕉的文字说明。此外，Nendo 还设计了一个纸质的手提袋，让购买者可以方便地提回家。取下纸袋的提绳后，可以很容易地展开纸袋并取出里面的香蕉。如果摊开纸袋，你会发现这是一片有趣的"大蕉叶"，里面还印有香蕉的详细说明和保质期等信息。

案例：果汁的肌肤

仿生设计"果汁的肌肤"饮料盒，深泽直人

深泽直人说过"设计和笑话有着共同点"，设计要如同笑话一样找到"笑点"。"果汁的肌肤"饮料盒使用的是利乐包，包装看起来像是直接使用了香蕉、猕猴桃、草莓、豆腐的表皮制作的。八角形香蕉果汁包装的软角显露出未成熟的青色，采用橡胶材料制作，拿在手中有真实香蕉的触感。豆浆包装有着豆腐皮般的纹理，也使用橡胶材料制作，有类似豆腐的触感，好像能从中喝到豆汁一样。猕猴桃果汁的包装使用植绒技术将纤维固定到纸上，制成极像猕猴桃表皮的质地。草莓汁包装也是惟妙惟肖，模拟了草莓表皮上的种子、颜色及凹凸感。这套果汁系列包装是仿生包装设计的经典作品。

一、包装的定义

1. 狭义的包装

对于狭义包装，中国、英国、美国、日本等国有各自规范的定义。

中国包装通用定义：为在流通过程中保护产品，方便储运，促进销售，按一定艺术技术方法而采用的容器、材料和辅助物的总体名称。

英国标准协会包装定义：包装是为货物的运输和销售所做的艺术、科学和技术上的准备工作。

2. 广义的包装

广义包装可谓"包"罗万象。自然包装是广义包装中的典范，它们既合理又科学，完美地起着保护"小儿"的功能。例如，大气是地球的包装、皮肤是人体的包装、橙皮是橙子果肉的包装……

橙子是集包装机能与形态于一体的自然包装。它鲜艳的橙色和特殊的表皮不仅能吸引人们的注意力，勾起人们的食欲，而且具有识别与自我推销的功用。橙子的外果皮含有很多油胞，具有阻隔外部雨水和内部水分蒸发的功能；中果皮是海绵层，具有缓冲的机能，同时对外界的冷热起到隔绝的作用；内果皮形成囊瓣，囊瓣实际上起着个别包装的作用；最内部的颗粒物称为汁胞，汁胞是我们主要食用的部分。可以说橙子是完美的自然包装。而与橙子相关的商业包装，又是狭义包装，是不是非常有趣？相关案例如 JL Fruit – Signature 水果包装、Suntory Orangina Sprial Peel 果汁包装、Slice of Summer 纸巾盒包装。

橙子的结构，经典的广义包装

JL Fruit-Signature，水果包装，Prompt Design
由广义包装橙皮为灵感设计的狭义包装。

Suntory Orangina Sprial Peel，果汁包装，Yuko Takagi
根据广义包装的水果削皮的方式而设计的狭义包装。

Slice of Summer，完美夏日切片纸巾盒，Hiroko Sanders
设计灵感受广义包装橙子切瓣的启发。

二、包装的功能

1. 保护功能

保护功能是包装最基本的功能。产品在储运过程中会遇到碰撞、潮湿、冷热、光照、气体、细菌等情况，要由包装来避免各种损害，以防止商品损伤或变质，使其能够安全流通，方便储存等。作为一个包装设计师，在开始设计前，首先要想到：包装所采用的结构与材料应能保证商品在流通过程中的安全。优秀的包装要有好的造型和结构设计，要合理用料，便于运输、保管、使用和携带，利于回收处理和环境保护。因此，在进行包装设计时要综合考虑包装的结构、材料等多方面的因素，把包装的保护功能放在首位，并结合具体行业标准进行设计。

（1）防碰撞

为了保护商品，缓解装卸、搬运、堆积过程中的外力冲击，就要求包装具有一定的防碰撞和承重功能。另外，也可以使用发泡材料、海绵、纸屑等填充物，以起到固定产品的作用。

（2）防潮湿

包装除了要防水外，也需要减少空气湿度产生的影响，尤其是食品类包装。

（3）防温度变化

温度的急剧变化，会使包装材料的含水量随之发生变化，造成包装和产品的变形、干裂、破损。

（4）防光线和辐射

很多商品不适于阳光、紫外线、红外线等直射，比如感光材料、化妆品、药品、碳

Eternal Oceans，鱼罐头包装，Sara Jones
金属包装能防碰撞、防潮湿，阻隔光线、空气，有效保护食品安全。

酸饮料和啤酒等。有些酒瓶采用绿色或棕色的目的就为了减少光照，延长保质期。

（5）隔绝空气和外界环境

有些食品、药品需要采用密封或抽真空来隔绝空气，以延缓产品变质。

2. 便利功能

一个好的包装，应该以人为本，便于使用、携带和存放。无论从生产制造者、仓储运输者、代理销售者、消费者，还是从废弃包装的回收者的立场上来看，包装设计都应该体现便利性。

（1）生产制造者的便利性

应考虑：包装的生产、加工工序是否简单、易操作、适合机器大规模生产；空置包装能否折叠压平以节省空间；开包、验收、再封包的程序是否简便易行；包装是否便于回收再利用以降低成本。

（2）仓储运输者的便利性

应考虑：保管和搬运方便、规格统一、空间占据量合理、装载效率高；在仓储和搬运过程中，包装的尺寸及形状是否能配合运输、堆码的机械设备；包装上商品名、规格、各种标志应有较强的识别性，以便于高效率的操作。

（3）消费者的便利性

主要体现在使用的安全和便利上，优秀的包装应该符合人体工学，方便消费者开启、使用、携带和收藏，并且包装的设计对使用者应该是绝对安全的。

3. 商业功能

现代包装一个最重要的作用就是促进商品销售，在进行包装设计时，对产品的包装功能不能只理解为美化产品，它更重要的功能在于提升产品的价值。包装是一种营销策略的体现，通过视觉传达的方式与消费者沟通，并最终打动消费者，达到促进商品销售的目的，可以说"包装是无声的推销员"。在设计商品的包装时，正确把握商品的诉求点可以起到引导消费行为的作用。

以下几点是形成消费者对商品印象的基本要素：

① 外观诉求，商品的外形、尺寸、造型设计风格。

② 经济性诉求，价格、形状、容量、质量等。

③ 安全性诉求，说明、成分、色彩、信誉度。

④ 品质感诉求，醒目、积极感、时尚感。

⑤ 特殊性诉求，个性化、流行性。

⑥ 所属性诉求，性别、职业、年龄、收入等。

4. 心理功能

包装不仅要给产品一件既安全又漂亮的"外衣"，更需要给予消费者视觉的愉悦和超值的感受。现代包装功能更侧重于品牌形象的提升，让产品从琳琅满目的货架中脱颖而出。包装的心理功能还体现在对企业形象、品牌内涵的反映等方面。

总之，一件具有吸引力的包装应该有这些特征：吸引人的形态、外观和色彩，使用方便，保护性好，便于携带，通过包装就能充分了解商品内容及使用方法等信息，品牌形象和企业形象突出，并具有时尚感和文化特征。

Fjallraven - Bergtagen Base Layer，登山服包装，Packground& Fjallraven

设计师利用生产商自己生产的 G-1000 Lite Eco 材料制成圆柱体收纳袋，将登山体验融入包装设计中；集观赏性、经济性、安全性、特殊性和所属性于一体。登山扣不仅能提升品质感，而且能直接悬挂在卖场的挂钩货架上。

PIKPÄK，饮料包装，Magdalena Huber，Kingston University，London，Tutor：Paul Postle

该作品是音乐节的饮料包装，将利乐包设计成可回收和可穿戴的形式，便利而新颖。

Good Hair Day Pasta，意大利面包装，Nikita Konkin

意大利面包装有吸引人的图形创意，开窗结构和实物色彩的巧妙结合，成功在货架上捕捉人们的眼球，满足消费者心理。

小　贴　士

仿生包装

通过欣赏具有广义包装特点的 **Shiawase Banana** 香蕉包装和"果汁的肌肤"饮料盒，广义包装的橙子和与橙子相关的狭义包装，我们发现原来广义包装和狭义包装可以相结合，并且进行创新设计！这种有趣的创新设计可以归纳到仿生包装设计中。

仿生包装是借助自然生物的色彩、造型、质感等形态特征，运用丰富的想象力和高超的设计技巧，通过艺术加工，使这些自然形态在包装外观上得以再现的一种设计方法。由于和商品特性相契合，还能增强消费体验，满足消费者的生理及心理需求。

Zen 香水，GOOD 设计工作室

Zen 是英文，译为禅，资生堂 Zen 香水包装设计利用大自然的元素造就了独特的形状，从而表现出设计师想要打造的纯自然的包装设计理念。白色的贝壳、翠绿的竹子、黑色的磁石都是大自然的恩赐，这也正好符合当下绿色环保的生活理念。

学习任务

尝试设计一个仿生包装

要求：只需绘制草图，请参考广义包装的定义和"仿生包装"小贴士。

提示：要对包装的定义、功能有所了解，将学习内容消化并融会贯通。注意观察生活中的广义包装，抓住其特征，并将其与商业包装结合，用所学知识解决设计过程中的问题。注意包装创新也要体现狭义包装的功能。

第二节　包装的古今融汇

案例："七巧板"包装

　　从宋代的燕几图，到明代的蝶几图，再到清初的七巧图，分割移动组合的设计方式在中国已经有千年的历史。中国人偏爱几何图形，许多容器、家具、建筑都与此相关，包装设计也不例外。古代，清代的木质活动格子香料盒是历史中经典的"七巧板"包装设计；当代，来自台湾的龙年七巧板礼盒和香港的 Astrobrights Packaging 也是优秀的"七巧板"包装作品。

木质活动格子香料盒，故宫博物院编《清代宫廷包装艺术》第 282 页

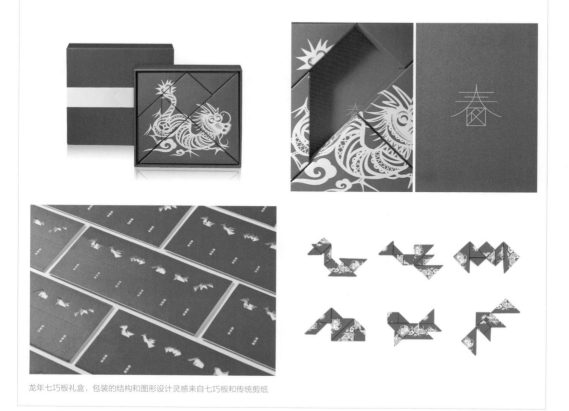

龙年七巧板礼盒，包装的结构和图形设计灵感来自七巧板和传统剪纸

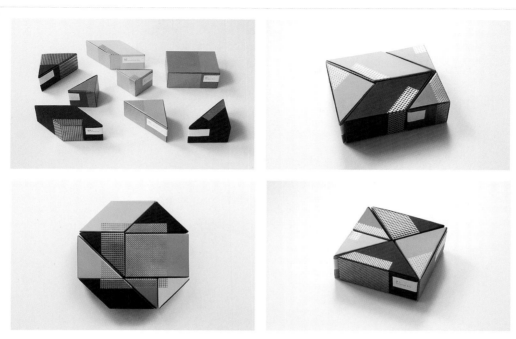

Astrobrights Packaging，七巧板创新包装设计，Ken Lo

案例："布包袱"包装

在我们的印象中，古代大侠行走江湖只需要一个布包袱。布包装使用广泛，一直沿用到现代，但使用频率明显降低。随着科技的发展，纸、塑料等材料使用得越来越多，产生的垃圾也逐年增多，环保的布包装渐渐重回大众视野。礼品包裹FOURUM作品的出现，让我们重新看到布包装的魅力。

生活中的布包装，孙敏娜拍摄

FOURUM 礼品包裹，&Larry 设计公司
该礼品包装采用带有彩色图案的日本风格的 furoshiki（风吕敷，日本传统包装材料，类似我们的包袱皮），布面图案非常漂亮，带有 i FOURUM
的文字标识。外层纸包装里面印有各类物品的包裹方法，可以根据方法提示包装不同形状和大小的物品。

一、包装材料的历史形态

1. 人造包装材料

最早的包装形态是容器，如我国原始时期的陶器，分布广泛，图案精美。包装发展时期，造型丰富多样的青铜器也是一个重要种类。瓷器是中国最具代表性的容器包装，一直沿用至今，现代瓷器包装别具民族风格。

中国古代的棉、麻、纱、绫罗绸缎等各种布料，作为包装的材料曾盛行一时。如今，布料包装好像淡出了市场，但现代绿色环保的布袋包装，完美地融合了古代包装思想和现代包装理念，呈现出别具一格的包装设计。

现代酒类瓷器包装，
释心堂品牌，梁文
峰团队设计

清代织物装饰的宫篦盒

Riceman，大米包装，Backbone Branding
包装选用高密度麻布织物，呈现出谷物简单而熟悉的质朴感，其上设计稻农自信、自豪、满足、疲倦等面部表情，表达了勤劳农民的情绪和性情。两种规格的布袋，矮袋装短粒米，高袋装长粒米。包装盖子模仿农民常用的传统圆锥形草帽，为方便消费者量取大米，还在锥形草帽的内侧标记了200g刻度。产品陈列在货架上时，好像稻农在彼此对话，充满了戏剧性，有趣，又引人注目。

　　纸出现后，由于其造价低廉、便于成形、易于承印等优点，逐渐替代了成本昂贵的绢、锦等包装材料。我国现能见到的最早的印刷品包装是北宋时期山东济南刘家针铺的包装纸，该包装纸体现出明确的商业功能。工业革命以后，纸板、特种纸成为包装的重要材料并逐渐进入全盛时期。此外，金属、玻璃、塑料等，在包装中的使用都经历了不同的演变过程。

刘家针铺包装纸铜版及印制出的图案
用方形铜版印刷，正中标志图形为手扶一根针的兔子，图形上方横写着"济南刘家功夫针铺"，图形两边竖写"认门前白兔儿为记"，下半部分广告语为"收买上等钢条，造功夫细针，不误宅院使用，客转为贩，别有加饶，请记白"。

2. 天然包装材料

包装发展过程中，劳动人民在生活中发现了许多天然的包装材料，如木、竹、叶、草、皮等。木、竹作为包装材料使用有悠久的历史，如木制的箱、匣沿用至今。草、叶的使用也很普遍，如粽子，最早的粽子可追溯到春秋时期，用粽叶包裹糯米蒸制而成。现在每逢端午节，我们能看到各种各样、不同材料的粽子包装，有仿粽子结构的纸质包装，有印刷粽叶图案的包装盒等。

清代木质大阅胄盒，故宫博物馆编《清代宫廷包装艺术》第248、249页
木制，外形与胄（头盔）的样式相契合，各部分可开合，由铜扣固定。

织金银缎面皮囊鞬，故宫博物院编《清代宫廷包装艺术》第247页
用牛皮制作弓箭包装，柔软、轻便、耐磨损，既可以安全地包装弓箭，又便于人们迅速而准确地拿取弓箭。

竹编葫芦式提梁餐具套盒，故宫博物院编《清代宫廷包装艺术》第212页
此提梁食器可提携，有竹丝编大小盒3个，相叠成葫芦状，以扁木框架拢为一体，既卫生又携带方便。

草绳包裹的腌菜缸，故宫博物院编《清代宫廷包装艺术》第267页
草绳的编织和捆法组成了全面保护的包装，同时可见内装物，以免发生盲目碰撞。

箬竹叶普洱茶团五子包，故宫博物院编《清代宫廷包装艺术》第199页
以箬叶将5个小茶团包裹其中，茶团之间用细绳捆扎分割，使之不相互碰撞。

藤编彩漆蝙蝠花卉纹皇帝冬朝冠盒，故宫博物院编《清代宫廷包装艺术》第234页
它是清代皇帝冠盒中重量最轻、功能最佳者，细密光滑的藤丝既不会划伤冠帽，又可通风换气。

仿粽叶图案的粽子包装

二、包装造型与结构的发展趋势

1. 乡土主义倾向

主张包装设计融入强烈的乡土气息，借助一些天然的、自然的材质与色彩，展现包装设计纯朴而又不失现代感的风格。

2. 简约主义倾向

将现代主义的设计思想发扬光大，强调"少就是多"，主张极少主义设计，追求一种既单纯又典雅的包装形式。

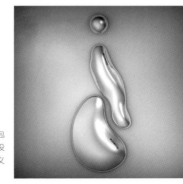

Schawlow 珠宝包装，甲骨文创意设计，具有简约主义倾向的包装

"年年有鱼"一体式米袋，具有乡土主义倾向的包装

3. 高科技倾向

在包装设计上利用一切可以利用的科技手段，充分展现现代科技之美，强调包装产品与结构，突出轻盈、灵活的特征。

4. 后现代主义倾向

受后现代主义设计思潮的影响，包装设计一反现代主义设计简洁的原则，强调设计的装饰性，同时大胆采用鲜艳的色彩及醒目的文字，主张运用传统文化的素材进行创作，追求一种风趣、幽默之感。

naked 洗护用品，高科技倾向包装

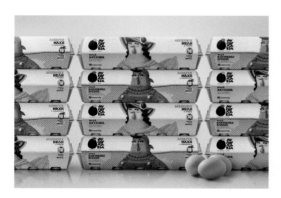

Avgoulakia，鸡蛋包装，
Antonia Skarkari & Andreas Deskas(Greece)
后现代主义风格的包装设计变化丰富，无统一的面貌，但融入了历史主义、装饰主义、折中主义及隐喻设计等倾向。

5. 人性化设计倾向

以人为本的设计理念一直是包装设计师努力追求和践行的，强调包装与环境、社会、人的和谐统一，一切从人的生理与心理等角度出发进行设计，给人舒适与健康的生活。

6. 环保主义倾向

从 20 世纪 80 年代开始，在绿色设计浪潮的冲击下，包装设计的绿色设计观在设计界风行，它反映出设计师对生态环境的关注及责任感，倡导按照"3R"原则进行包装设计，即尽可能减少物质和能源的消耗及有害物质的排放（reduce），尽可能使包装废弃物能方便地分类回收再循环（recycle）和再利用（reuse）。

BEE-FEE，蜂蜜包装，Zuzanna Sadlik
BEE-FEE 是一种 100% 有机蜂蜜，包装采用象征蜂巢的六角造型，且能节省空间。包装结构正如其名，由两个互补造型组成：一个玻璃罐（"蜜蜂"组件）和一个细混凝土制成的花盆（"费用"组件）。城市中空气污染和化学污染对花卉带来巨大影响，间接对蜂群产生危害。该设计鼓励消费者在花盆里种花，在城市中构建蜜蜂的生态系统。BEE-FEE 意即我们在享受蜜蜂带来的甜蜜的同时，也向蜜蜂支付酬劳。

学习资源推荐

设计师必备条件：脑藏优秀作品资源库，备于寻找灵感。

1. 优秀包装作品网站推荐

Pentawards 官网 http://www.pentawards.org

Dieline 官网 http://www.thedieline.com/

Backbone 官网 http://www.backbonebranding.com

Lovely Package 官网 http://www.lovelypackage.com/

Packaging 官网 http://www.packagingoftheworld.com

mousegraphics 官网 http://www.mousegraphics.eu

红点奖官网 https://www.red-dot.org/zh/search/

中国包装设计 http://bz.cndesign.com

包联网 http://www.pkg.cn

设计之家 http://www.sj33.cn

Doooor 官网 http://www.doooor.com

三视觉 http://www.3visual3.com/bzsj/

中国设计在线 http://www.ccdol.com/sheji/baozhuang/

古田路 9 号 http://www.gtn9.com/index.aspx

站酷 http://www.zcool.com.cn/

包装云打样 http://baozhuang.yundayang.com/uc/boxes

潘虎包装设计实验室 http://www.tigerpan.com

故宫博物院文创天猫旗舰店 https://palacemuseum.tmall.com

有礼有节天猫旗舰店 https://youliyoujie.tmall.com

2. 微信公众号推荐

全球包装与设计

纸品包装设计志

顶尖包装

包装前沿

产品包装设计资讯

包装设计大师

新世界包装博览

学习任务

"古为今用"设计尝试

要求：结合古代包装的材料形态，设计一个符合现代包装发展趋势的作品，请画出草图。

第二章

包装设计的前期构思

包装的定位
包装设计方案的构思

2

第一节　包装的定位

案例：CHERRY TALK 系列包装设计前期构思

　　赵梦頔同学的 CHERRY TALK 系列包装参加了设计大赛征集。在设计之初，该同学根据命题要求，进行了前期构思。首先，分析产品特性、历史与经销方式；其次，进行市场调研，并分析市面上樱桃包装的形式与特点，同时，通过书籍和网络收集国内外的优秀同类产品包装作品，作为参考；之后，在前期资料分析和产品定位的基础上，明确表现方式，形成最终作品。

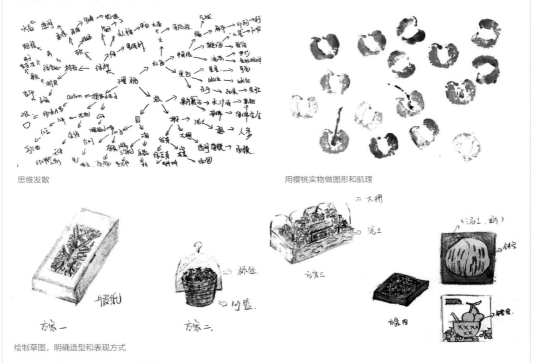

思维发散

用樱桃实物做图形和肌理

绘制草图，明确造型和表现方式

最终作品呈现

CHERRY TALK 系列包装设计的前期构思及包装成品，作者：赵梦頔，指导老师：孙敏娜

一、包装定位的切入点

　　包装的定位是指根据商品本身的特性、销售目标及市场情况所制订的战略规划，以传达给消费者一个明确的销售概念。通常，设计策划部门整合出详细的营销策划后，设计实施部门会对其进行分析，规划出视觉表现上的切入点，并尽可能多地从不同角度来进行创意表现，最终选择出最佳的设计方案。现代包装设计的定位通常是通过品牌、产品、商品和消费者这四个基本要素来切入的。

1. 品牌定位

　　某个品牌一旦成为知名品牌，就会给企业带来巨大的无形资产和影响力，给消费者带来质量的保障和消费的信心。品牌定位的目的就是在包装设计上突出品牌的视觉形象。

2. 产品定位

　　在激烈的市场竞争环境下，产品定位能够使消费者清楚地了解产品的特点、应用范围和使用方法。

　　可以从以下几个角度来定位产品：

　　① 产品的特点，了解商品的特点、用途、功效、档次等。

　　② 产品的差异性，指不同商家的同一产品在造型、色彩、功能、价格和质量等方面的特点。

　　③ 该企业在同行中的地位和竞争对手的情况。

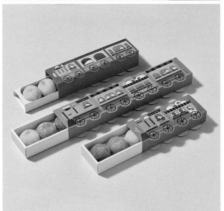

特快列车礼品包装

韩国有送糯米糕的传统，借此表达对考试或面试"好运"的祝福。该糯米糕包装立起时好像行驶的火车，满载糯米糕的特快列车开往目的地"PASS"。包装内的留言卡，设计成一张车票，可向收件人写下好运祝福。礼品包装旨在向考生传递欢乐和正能量。

3. 商品定位

在产品的商品化进程中，设计活动只能围绕市场来定位。商品定位是指以市场为基础展开分析，使设计目标清晰，从而确定该商品包装的定位。

可以从以下几方面出发，进行商品定位：

① 从品牌、商标、价格等属性考虑。

② 从基本功能与货架效应等方面考虑。

③ 从商品的销售渠道进行考虑。不同的销售渠道对于商品包装的定位有很大的影响，如考虑在多次运输过程中的保护功能，储存、防碰、防潮等功能；不同的销售场所、销售环境和销售方式，如柜台、橱窗、超市货架等，对于包装设计的定位有很大的影响。

④ 从商品的陈列方式进行考虑。明确是在特定的销售点陈列，还是按厂家分开陈列，或按类别陈列。

Fereikos - Escargots，希腊有机蜗牛食品包装，Bob Studio

根据商品定位，设计团队从蜗牛身上获取灵感，将黑白螺旋图案作为商品的特征符号，应用到系列包装上。盒子包装采用开窗结构，不仅能让消费者看到内容物，而且内部食品的色彩和肌理也丰富了包装的形式感。玻璃包装所选用的金属盖，与产品标志的金色相呼应，并用彩色封条区分产品和规格，在货架上能被轻易识别。纸张、塑料和玻璃材质的组合运用，既经济实用，又能保护和展示商品。

4. 消费者定位

只有充分了解目标消费群的喜好和消费特点，包装设计才能体现出针对性，消费者才容易对它产生亲近感，进而促进销售。

消费者定位可从以下几点出发：

① 消费对象，包括消费者的性别、年龄、身份、职业、文化程度和地域特点等。

② 消费者的经济状况。

③ 消费方式，指消费者采用什么形式、运用什么方法来购买商品。

④ 消费地域，包括地理、气候、节日、社会习俗和宗教信仰等。

⑤ 消费行为，消费者的购买心理、生活方式、个性特点、喜好、审美标准，以及对待时尚文化的态度等。

Orangina-Summer Label，饮料包装，Kiyono Morita、Yuko Takagi 在日本的海洋日推出夏季限定的包装，消费定位十分精准。

二、包装的表现方式

1. 直接表现

直接表现以直接、概括、夸张的形象作为画面的主体形象，多采用摄影的表现方法，因为这种手法比较容易让人接受，应用广泛，具体表现为以下几种方式。

（1）突出商品的自身形象

画面的主体为真实的或抽象的商品形象，尤其在食品行业应用广泛。这种方法比较直观、醒目，商品形象真实、生动，便于消费者选购。

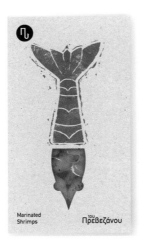

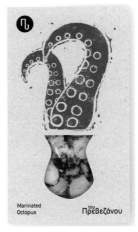

Tou Prevezanou，海产品包装设计，2Yolk 设计机构 包装上开窗部分显露的内容物（海产品）和版画形式印刷的海洋生物图案组合成各种海产品的图形，在向消费者展示商品品种的同时，突出了商品的自身形象，形成有趣的画面。

（2）包装盒开窗的方式

开窗方式能够直接向消费者展示商品的形象、色彩、品种、数量，以及质地，使消费者从心理上产生对商品放心、信任的感觉。开窗的形式及部位可以多种多样，在不影响包装盒牢固性的基础上，没有太多限制。

（3）透明包装的方式

采用透明的包装材料（或与不透明包装材料相结合）对商品进行包装，便于向消费者直接展示商品，其效果及作用与开窗式包装基本相同。

2. 间接表现

采用间接表现方式设计的包装通常不直接运用产品形象，而借助与它相关的事物来体现该产品。

（1）突出产品的生产原料

以产品原料作为包装的主体形象，这种做法直接、易记，同时能形象地说明产品原料的优良性，使消费者在心理上产生信任感。

（2）突出产品的产地

以产品的产地作为包装形象的亮点，使消费者因产地而对商品产生信任感。

（3）突出产品的使用对象

以产品的使用对象作为包装的主体形象，如儿童用品中活泼可爱的儿童，女士用品中婀娜多姿的女性，男士用品中绅士、帅气的男性，等等。此种表现手法比较有针对性，便于消费者选购。

（4）突出品牌形象

有些商品包装简洁，但会采用极醒目的品牌标志或文字，注重品牌宣传。这种方法形式感强，给人以严肃、高贵的视觉感受。

爱晚亭小鱼辣椒，凌云创意
与其他辣椒酱相比，这款产品增加了美味的银鱼原料，设计师将捕鱼的场景描绘在四个独立包装纸套上，纸套包裹住玻璃瓶，四瓶并排放于包装盒中，会呈现出一个完整的捕鱼美景。外包装盒以简洁的商品名和银鱼图案突出品牌形象。

（5）突出产品的自身特点

这种方法主要用一些抽象图形表现产品的某种特性，如在洗涤用品包装中，经常出现波浪、漩涡、泡沫等，使消费者产生联想，同时增强产品的美感。

（6）突出商品的特有色彩

这是经常用到的形象色表现方法。如用橘子、咖啡、玫瑰等其特有的色彩来表现。

3. 意象表现

意象表现是指透过精神反映物质，是种比较含蓄的表现方法。

（1）抽象文字与图形组合构成画面

用抽象的文字和图形营造出产品的意境。图形与产品没有直接的联系，但它表达的意思却符合产品的品质。这种表现方式形式感强，且比较含蓄，值得回味。

（2）用抽象图形来装饰

电子产品、化妆品等包装常采用重复、近似、渐变、变异等构成方法，演变出丰富多彩的图形。这种方法具有很强的形式感。

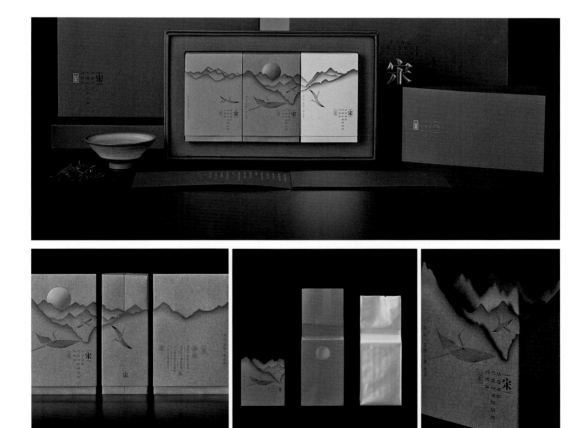

"宋"餐饮品牌包装设计，林韶斌

以"宋"命名的中国川菜餐饮品牌，在视觉设计上追求宋代的审美情趣。视觉元素受宋徽宗《瑞鹤图》的启发，采用鹤元素，并用抽象的线条描绘鹤的形象，结合具有水墨韵味的山峦，表现出了简约、高雅的艺术意象。此创新方式形式感强，含蓄且充满意蕴。

—— 小 贴 士 ——

融入"5W"设计思维的调研问卷

"5W"是一个原则，也是一种工具，广泛运用于企业管理、传播、教育等日常工作和生活中。"5W"设计思维是一个设计定位指标，即 What（这是什么，指产品属性或功能要明确）？ Who（为谁设计，指这种商品的销售对象）？ When（什么时间）？ Where（什么地点，指的是商品的时空定位）？ Why（为什么，指的是设计师为什么用这样的视觉形象做设计）？ 融入"5W"设计思维的调研问卷可以为设计构思提供参考和依据。

微信扫码，看巧克力
包装调研问卷示例

学习任务

模拟设计调研和分析

要求：选择国内外包装设计大赛或企业包装设计征稿项目，根据项目选题要求，分小组进行调研和分析，每个小组 5 人左右。

提示：以第六届中国大学生设计大赛为例。

大赛主题：假设设计者自己拥有一个不超过 150 平方米的房子，可以用来开超市、咖啡馆、餐饮店、书店、服装店等五类小店，设计者需要对自己的小店进行项目定位、目标人群定位、市场推广等，进行适当的文字描述；设计者在策划的基础上进行店内产品的包装设计；每件包装设计作品需提交不少于 5 张电子图片（但不多于 15 张），电子图片要求为 A3 幅面，300dpi，CMYK 模式，存储格式为 JPEG。

任务要求：

（1）小组成员明确项目设计需求、分工收集资料。包括：① 了解产品特点和性能。② 分析曾用包装设计和企业策略。③ 比较同行包装，明确产品的优点和不足。④ 了解不同品牌的设计特点和货架展示效果。⑤ 了解销售对象对产品的需求、意愿，及销售地区。⑥ 收集国内外相关设计图片和资料，以及历届大赛获奖作品。

（2）设计调研问卷。参考本节调研问卷小贴士中介绍的"5W"设计思维及所附二维码链接中的示例，综合品牌设计、市场营销、广告学等相关课程的知识，根据设计实践项目，制作纸质版或电子版调研问卷；进行模拟调研，并根据调研结果进行分析总结。

（3）在拥有前期调研材料的基础上，明确包装设计的定位，进行创意策划构思。

第二节　包装设计方案的构思

案例：金陵金箔折扇包装设计方案构思

　　该作品是陈南羽同学的毕业设计，项目前期构思工作非常详细，设计者不仅制作了调研问卷深入市场调研，而且根据调研数据进行了细致分析，确定金箔折扇包装的设计定位，并在此基础上构思草图方案。

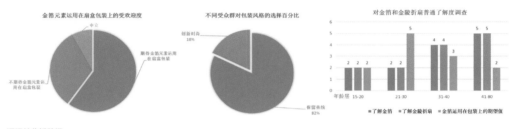

调研并分析数据

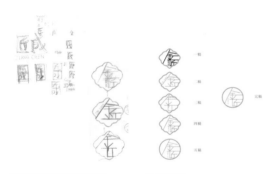

品牌标志的设计及草图绘制　　　　设计稿改良

确定包装造型和材质，制作包装实物

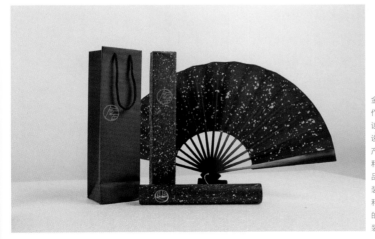

金陵金箔折扇包装方案构思及实物展示，作者：陈南羽，指导老师：孙敏娜；该作品是南京非物质文化遗产文创的包装设计，创意融合了两种南京非物质文化遗产——金陵折扇和金箔。包装简化了结构和造型，重点突出品牌标志、色彩和材质。品牌标志使用金色拉丝质感的即时贴，包装材质选用黑灰色的金银点洒金纸（盒面）和卡纸（手拎袋），黑灰底色象征打金箔用的乌金纸，金色标志和洒金象征金箔。包装色彩寓意深厚，质感层次丰富。

在包装设计创作中，除了要定位准确、构思巧妙、立意新颖、构图严谨，最重要的是给予商品一个可以依托的独特表现形式，要根据不同的商品、不同的立意构思、不同的材料工艺，选择适当的包装设计表现形式。

一、方案绘制

1. 草图绘制

在前期包装设计定位的基础上，初步确定包装的造型、结构、图形、色彩、材料等，使方案具体化。依据设计要求的关键词展开联想，勾画草图。草图并不是潦草的图，草图方案也应包括色稿，可使用水彩、水粉等颜料或马克笔、彩色铅笔等工具上色，将构思具体化。在此阶段，要对包装所采用的表现方式、材料和工艺等有明确的想法。所以草图方案是包装设计中的重要环节。

2. 效果图绘制

草图方案完成后，应与客户沟通，对设计方案进行仔细斟酌，并从众多草图中选出可行的方案。修补可行方案的不足后，在计算机中制作包装的展开图，在包装造型和结构的基础上，准确地设计和编排文字、图形、色彩等各要素，并给出相应的精确数值。同时还可以根据客户的需求，制作成品的模拟效果图，这样有助于更清楚地发现设计、制作中存在的问题。

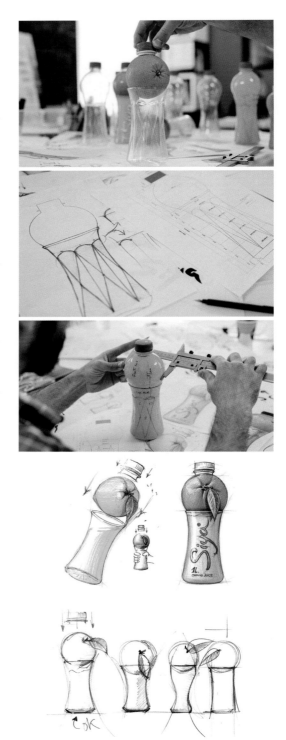

Siya 果汁包装设计，Stepan Azaryan，设计方案草图的构思与绘制

—— 小 贴 士 ——

如何从众多草图中选出可行的方案

原则一，选择能够制作完成的方案。根据资源的配套情况和个人能力，衡量是否可以完成材料和造型的设计制作。

原则二，选择物美价廉的方案。根据包装的定位，选择视觉效果佳、成本低、易制作的方案，以最低的成本做最好的设计。

初次设计包装方案尽量选择一种或一类视觉感知统一的材料。经验丰富的同学可以在视觉感知统一的基础上，选择具有差异性的材料，但需要根据材质的肌理和色彩美感综合把握混搭风格。

二、包装图形的类型

1. 具象图形

具象图形主要运用摄影和绘画等方法获得，给人以真实的感觉，包括摄影、绘画艺术作品、卡通漫画形象、装饰图形等表现形式。

（1）摄影

摄影的发明与发展，给人类带来更丰富的视觉体验，特别是彩色照片，更能真实地反映商品的形象、色彩和质感，因此在设计上得到广泛的应用，尤其是在食品、纺织和轻工产品的包装上。

（2）绘画艺术作品

在设计的表现方式上，绘画始终是很主要的一种，它能更好地发挥设计者的能动性，便于设计者进行艺术的取舍与组合。随着时代的发展，现在我们不仅可以运用水彩、油画、国画等颜料获得相应的艺术表现效果，而且可以利用各种电脑绘图软件模拟水彩、水粉、油画、粉画、国画等艺术表现形式。另外，绘画作品在商品包装上的运用

Siya 果汁包装，Backbone Branding
把水果放在玻璃杯上，摇身一变成了一瓶果汁！图形运用摄影具象地表现，给人以视觉真实感和新鲜感。

与纯绘画艺术创作有所不同，它要在给人一种亲切、自然的艺术享受的同时，体现商业感，实现商品宣传，促进销售。

（3）卡通漫画形象

卡通漫画形象一般采用拟人的手法，给人以活泼诙谐的视觉感受，这种方式比较灵活、自然，适合用于儿童用品、食品、电子产品等。

（4）装饰图形

无论采用传统纹样的图案，还是用现代的图形进行表现，装饰图形都是在写实形象的基础上进行的一种精炼和概括，可根据产品和行业特征综合运用。

Heineken-The Rijksmuseum Bottles，啤酒包装，Erik Wadman Imre de Jongh
喜力啤酒为纪念与荷兰国立博物馆的友好合作，专门设计了这一系列酒瓶，酒标上呈现荷兰国立博物馆馆藏的艺术作品，美感十足。

2. 抽象图形

抽象表现主要运用点、线、面、体等基本元素传达信息。这种不直接反映商品或其相关具体形象的抽象图形，给人以概括简练、现代时尚的感觉。

3. 综合表现图形

综合表现结合了具象表现和抽象表现的特点，既不完全具象，也不完全抽象。对图像的运用有所取舍和强调，使主体形象符合人们的审美。

The Daily Greek，Multiple Applications
该系列食品包装的主体采用蓝色的几何图形和线条来分割白色块面，辅以彩色的几何色块，以点、线、面抽象表现，具有极强的现代感。

Southbank Watson Outfitter UK，英国南岸沃森服装店的纽扣眼衬衫包装，Studio Kluif 工作室
包装上的图形既有具象鸟类的特征，又有抽象的形式感。仔细看，鸟类图形中的黑眼睛是一粒真实的纽扣，同样的综合表现图形也应用在系列衬衫的设计上，令人眼前一亮。

三、包装设计的原则

包装的功能不仅仅是保护商品安全，还具有积极的促销作用。随着近年来市场竞争白热化的趋势，各个品牌都在想尽办法突出包装的促销作用。针对包装设计，日本学者伊吹卓曾提出了"目、理、好"原则："目"指视觉醒目原则，引起消费者的注意；"理"指信息明确原则，避免理解错误；"好"指情感表达原则，引发人们的喜爱之情。

1. 视觉醒目原则

包装要起到促销的作用，首先要能引起消费者的注意，通过新颖独特的造型、鲜明夺目的色彩、美观精巧的图形、特点突出的材质，使包装能具有引人注目的视觉效果，从而在众多竞争对手中脱颖而出。

（1）突出造型

造型奇特、新颖的包装最能引起消费者的关注，关键在于与同类商品的包装形成区别。例如，酒的包装瓶一般都以圆柱体为主，如果将其设计为不规则的造型，就会立刻在货架上凸显出来。

（2）巧用色彩

市场学家提出，红、蓝、白、黑是四大销售用色，这四种色彩是支配人类生活节奏的重要色彩，因而在作为销售用色时能够引发消费者的好感与兴趣。

Octopus，章鱼朗姆酒包装，Pavla Chuykina 设计，Pavel Gubin 三维效果

将朗姆酒的瓶封设计成章鱼的形态，意喻章鱼比利守着这瓶朗姆酒很多年了，试着把它从酒瓶身上拿走吧！"比利"是用蜡制作的，蜡封是隔绝空气的最佳方法，通常在蜡封过程中，多余的蜡会顺着瓶子流下来，看起来很像章鱼的触腕。奇特的造型、醒目的色彩、特殊而匹配的材质、突出的品牌标志，整个包装足够个性和吸引人。

（3）突出商标和品名

通常情况下，包装上设计各种图形的最终目的都是为了衬托品牌商标，使消费者从商标和包装的图形上迅速识别出产品所属的品牌与企业。特别是名牌产品与名牌商店，包装上醒目的商标可以立即起到招揽消费者的作用，不少注重品牌的消费者甚至会以名牌商标作为购买的理由。

（4）注重材质

包装的材质同样能引起人们的注意。例如，红酒的外包装通常以纸盒或铁盒为主，在货架上比较突出，也易引起消费者的注意；而木质的材料则令人联想到酿酒的橡木桶，强调了原汁原味的感觉，令产品的品质感得到提升。需要注意的是，不管以何种方式构成包装的醒目效果，都必须与产品的属性、特点和定位相匹配，才能达到积极的宣传效果。

2. 信息明确原则

人们购买的并不是包装，而是包装内的产品。因此，成功的包装设计不仅要引起消费者对产品的注意与兴趣，还要使消费者能够通过包装精确了解产品信息。最有效的方法就是真实地传达产品形象，例如，可以采用全透明包装，可以在包装容器上开窗展示产品，可以在包装上放置产品的具象照片或图形，也可以在包装上展示简洁的文字说明，等等。

准确地传达产品信息也要求包装的档次与产品相适应，掩盖或夸大产品的质量、功能等信息都是弄虚作假的包装。根据国内外

The London Popcorn Co.，食品包装设计，B&B 工作室
零食包装根据原料或口味选用色彩，每一类商品有其专属的销售用色，例如酸味的用绿色，甜味的用橙黄色，咸味的用蓝色等。

市场的成功经验，针对高端消费群体使用的日用消费品，其包装多采用简洁、纯粹、清晰的画面，柔和、淡雅的配色，以及高档的包装材料；针对普通大众使用的日用消费品，则多采用醒目的画面和鲜艳的配色，再结合文字说明传达信息。这样的处理能够使产品信息更加准确地传达给目标受众。

准确地传达产品信息还要求包装所用的造型、色彩、图形等元素不违背人们的习惯，避免理解错误。

Dunkin'，食品包装再设计，Jones Knowles Ritchie 设计工作室
美国快餐品牌的包装采用鲜艳的配色和简明的字体。设计师在法兰克福 Dunkin' Sans 字体的基础上设计了一款新字体，来帮助明确信息并推广品牌。

3. 情感表达原则

人的喜好对消费行为起着极为重要的作用。消费者对包装的好感源于两个方面：首先是实用方面，即产品包装能否满足消费者的各方面需求，能否为消费者提供方便，这涉及包装的大小、繁简、美观程度等；其次，还直接来自人们对包装造型、色彩、图形和材质的感觉，这是一种综合性的心理效应，与个人及个人所处的环境有密切的关系。产品包装的造型、色彩、图形等要素能否获得人们的喜爱，可借助各种市场调查和心理测试来进行分析。

Tawasap-Wild Bandana，围脖包装，Viscera Vicarious，Ecuador
围脖包装只用一张纸板，不仅经济实用，而且具有展示功能。印第安风格图形赋予围脖个性特征，赢得了消费者的喜爱。

学习任务

包装设计方案构思练习

要求：在本章第一节学习任务"模拟设计调研和分析"的基础上，小组成员每人手绘 5 个色稿草图方案，体现一定的设计构思、表现形式及风格。

提示：注意包装设计原则，依照设计流程进行设计（设计流程可参考目录之后的流程图）。

3

第一节 文字的设计

案例：MOJO 酸奶包装

在设计 MOJO 酸奶包装时，设计师们专注于时尚概念，探索用品牌标志直观地表达设计理念。经过方案构思和草图绘制，最终的设计方案是将品牌名称和真实水果的照片结合在一起，水果的颜色丰富了设计的色彩，并能有效传达产品的内容。

MOJO 酸奶包装设计，Backbone Branding

用具象水果置换与其形象相似的英文字母，生动有趣，不影响可读性，也贴合产品定位，使该方案在众多品牌字体设计方案中脱颖而出。

包装文字的功能在于准确传达商品信息，既是"信息"的自我表白，也是对图形的说明。在现代包装设计中，文字的功能已经远远超出了信息传达的范畴，很多时候也作为特殊的图形来表现商品的文化及内涵。

一、包装的文字类型

根据文字在包装中的功能，可以将包装中的文字分为三个主要类型：品牌形象文字、广告宣传性文字和功能性说明文字。

1. 品牌形象文字

品牌形象文字包括品牌名称、商品品名、企业标识名称和厂名。

这些文字是包装设计中主要的视觉表现要素之一，应精心设计，使其具有强烈的形式感，并且将其安排在包装的主要展示面上。

2. 广告宣传性文字

广告宣传性文字即包装上的广告语，它是展现商品特色的促销性宣传口号，内容应真实、简洁、生动，遵守相关的行业法规。

广告宣传性文字一般也被安排在主要展示面上，位置较为机动，但视觉上不应比品牌名称强烈，以免喧宾夺主。另外，这类文字在包装上可有可无，应根据产品销售、宣传策划灵活运用。

3. 功能性说明文字

功能性说明文字是对商品内容做细致说明的文字，并且受相关的行业标准和规定约束。具有强制性的功能性说明文字主要包括产品用途、使用方法、功效、成分、重量、体积、型号、规格、生产日期、生产厂家等信息，以及保存方法和注意事项等。

功能性说明文字通常采用可读性强的印刷字体，根据包装的结构特点安排在次要位置；也有些包装会将功能性说明文字放在包装正面位置，进行特别地设计；还有将详细说明附于包装内部的做法。

品牌名称　　商品品名　　广告宣传性文字

功能说明性文字

汇源果汁汽水包装

二、品牌字体的设计原则

在现代包装设计中，依靠对文字的形象和元素的处理来塑造品牌形象的手法逐渐成为一种潮流，这种清新、典雅、简洁，且富有现代感和文化性的风格赢得了广大消费者的好感。

1. 可读性原则

文字最基本的功能是进行信息交流和沟通，因此，在设计品牌字体时，通常要保留字体本身的书写规律，以保证文字的可读性。

现代人阅读的习惯一般是自上而下，再从左到右。设计中，字体的设计和排列变化应考虑人眼阅读的习惯和规律，符合人的视觉习惯和秩序。

2. 表现力原则

包装上使用品牌字体，其目的是为了优化产品的形象，突出商品的性格特征，因此，品牌字体的设计应该从商品的内容出发，其视觉特征应该符合商品本身的属性特征，也就是要做到形式与内容的统一。

3. 变化原则

（1）轮廓变化

轮廓变化指改变字的外部结构特征，通过把外形拉长、压扁、倾斜、弯曲、角度立体化等增强其形式感。一些有复杂轮廓形状的文字在变化时应注意笔画特点，以免影响可读性。

Wildroots Foods Buck Wild，零食包装，Davis 设计机构
商品品名"BUCK WILD"的字体设计，具有很强的可读性和表现力，其中字母 B、U、C、K、W 和 D 运用轮廓变化和笔画变化将笔画和树枝图形结合。对比常规字体中的"C"和该包装字体中的"C"，是否感觉包装字体中的"C"略扁？这是为了使结构重心向左移而进行的微调，这就是结构变化。

（2）笔画变化

不同的字体有不同的笔画特征，汉字中的宋体字有字角笔型变化，而黑体字基本没有，拉丁字体也按照笔型不同分为衬线体和无衬线体两大类，通过笔型特征的改变可以设计出许多新的字体。品牌字体的笔型变化相对基础字体而言更加自由多样，但应注意变化的统一、协调性，以及保持主笔画的基本书写规律。

（3）结构变化

标准字体的结构通常空间布局疏密均匀、重心稳定，并且一般被安排在视觉中心的位置。通过改变字的笔画间的疏密关系，或对部分笔画进行夸大、缩小，或改变字的重心，可以使字体显得新颖、别致并充满活力。

伊然，乳饮包装，Mousegraphics 平面设计
如果英文"BUCK WILD"的结构变化不明显，那么中文字体在运用结构变化原则时就明显多了。伊然乳饮品牌形象文字中"伊"的偏旁"亻"和"尹"的撇画都缩短了，就好像腿变短了，重心也随之下沉。经过结构变化的"伊"和"然"，竖排在一起别致和谐，符合阅读规律和习惯。

（4）构成变化

商品品牌字体大都由几个字或字母组合而成，标准字体的排列是很规整的，打破这种规整的排列，重新排列秩序也是一种变化方法。另外，重新设计字符的字距和行距也可以使品牌字体具有新的视觉特征。

Grinning Face Coconut Milk，椰奶包装
"Coconut"的构成变化非常明显，字母顺序完全被打乱，以至于影响识别，但这正是设计的亮点！因为椰奶是新鲜压榨的，只有椰子和水两种成分，它们会分离，包装设计使用杂乱构图的字母来引导消费者摇晃它。

三、品牌字体的设计手法

1. 造型法

造型法是对文字笔画进行图形化、线性变化、立体化等装饰，或使字体整体外形产生透视、弯曲、倾斜、宽窄等变化。例如，通过重叠与透叠使字符间关系更加紧凑，使品牌字体外形的整体感更强；采用借笔与连笔设计增强趣味性和整体感；断笔与缺笔则使字体留下悬念与想象空间。

Aysel Fruit Vodka，水果伏特加包装，Backbone Branding
使用线性变化的造型法，对字母进行手写花体形式的装饰设计，增强了艺术美感。

2. 正负形法

正负形法合理运用图与底之间阴阳共生的关系，以增强品牌字体的视觉表现力。这种设计手法充分发挥了品牌字体中空白部分（底）的表现力，使字体形象更加整体和具有魅力。

matz OH! 波兰无酵饼干，Arkadiusz Stanikowski
利用正形的小麦图形，衬托负形的文字。

3. 形象法

把文字与具体形象相结合，使文字本身的含义形象化，有利于信息传达，而且生动、活泼、易记。可以利用笔画结构本身进行形象化表现，也可以利用添加形象的方法或结合变异的手法进行设计表现。

4. 空间法

运用体、面、透视、光线、投影、空间旋转、笔画转折等处理手法使字体更加醒目。如对字体进行立体化设计，使字体更加清晰明朗，品牌形象进一步突出；或对字体的首字母进行空间扭转，使字体别具特色。

Unblackit Milk，牛奶包装，Backbone Branding
商品品名"Milk"好像是滴下的牛奶形成的，运用形象法设计的品牌形象字体，进一步传达牛奶产品的信息，形象而有趣。

5. 意象法

根据品牌的意象，可采用不同工具和纸张进行字体设计。例如，运用毛笔、钢笔、苇杆笔、炭笔、马克笔等不同的工具，可以创造出不同风格的笔画特征；利用不同纸张肌理，可以产生风格多样的视觉特征。意象表现手法的目的性明确，要在立足于审美的基础上，结合商品的属性和个性进行设计。

Kololak，酒包装，Backbone
Branding
品牌文字"Kololak"使用投影式
的空间法，文字突出，立体感强。

Jeroen Meus，锅具包装，Patrick
De Grande
品牌名称"Jeroen Meus"是比利
时著名厨师的名字，剪影图形就是
该厨师。他认为烹饪应具有鼓舞人
心式的摇滚态度，品牌字体和商品
品名"PAN""POT"等使用手写
体，文字设计完全符合品牌形象。

—— 小 贴 士 ——

颠覆文字设计要素的版面位置

根据产品包装定位，可以将功能性说明文字作为包装视觉表现的主体，如将成分、重量、体积、型号、规格等信息，作为视觉次序的第一要素，取代传统品牌形象文字的版面地位，安排在包装的主要展示面上。

同理，在学习完文字设计要素后，可以根据产品包装的需求，先破后立，突破传统文字设计的框架，重新定义并寻找视觉和功能结合的新设计。

Spike，狗粮包装

根据狗粮包装定位，把成分、重量等功能性说明文字放大并安排在重点区域（主要展示面），并用白色线框强调，颠覆传统包装中的文字编排方式，增强了产品功能的传达效果。

学习任务

包装的品牌文字设计

要求：从第二章第二节学习任务完成的 5 个色稿草图方案中，评估筛选一个最佳方案，对此方案中的品牌形象文字（重点设计）、广告宣传性文字等进行设计，并进行初步的版面编排。

提示：运用本节所学知识，注意品牌字体的设计原则、文字的字号大小，以及阅读规律，运用合适的品牌文字设计手法，品牌文字设计要贴合前期调研结果。

第二节　图形的设计

案例：Pchak 零食包装

　　获得 Pentawards 2017 金奖的 Pchak 零食包装重点通过图形的设计来实现最初的设计意图。Pchak 在当地语言中是"树洞"之意，图形采用彩铅绘制，将包装设计成树干一般的外形，看上去好似亚美尼亚的树谷 Pchak tree hollow。透过树洞形式的开窗设计，可以看到里面的坚果和蜜饯，真实具象的图形效果和巧妙的树洞创意，使消费者仿佛变身小松鼠，美美地享用储存的坚果和蜜饯。

Pchak，零食包装，Backbone Branding

一、包装的图形设计要素

人眼感觉物体时，在注意度上，图形占78%，文字占22%，因此，在设计作品中，图形设计至关重要。包装设计中的图形内容广泛，有人物、动物、风景、符号等等，按作用归纳起来，可以分为以下三类。

1. 商标图形

商标是用以区分不同生产者和经营者的商品和劳务的标志，是企业精神和品牌信誉的体现，在设计时应注意其摆放的位置，达到醒目的视觉效果。

2. 主体图形

根据不同产品的特点，主体图形可采用产品自身形象、人物、动物、植物、风景、卡通造型等，占据包装主要展示面的主要位置。

3. 辅助装饰图形

在包装图形设计中多利用点、线、面等几何元素或肌理效果来丰富包装，配合主体图形，起一种辅助装饰的作用。有些包装用商标或变化的主体图形作为辅助装饰图形，有时主体图形和辅助装饰图形不好区分，但也无妨。

Day & Night，餐厅品牌包装，Backbone Branding
主体图形采用具象动物和抽象星空的混合手绘方式，象征从白天到黑夜的变化。主体图形的概念表达了白天的餐厅服务和晚上的酒吧活动，将品牌服务的二元性体现出来。

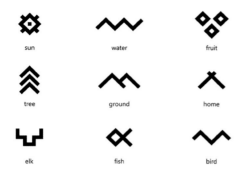

M&S，北欧餐厅品牌包装，Backbone Branding
设计师使用几何图形代表北欧人所热爱的自然、健康和舒适。几何图形不仅用于主体图形，与商标搭配使用，也用于辅助装饰图形，作为包装背景图案。

二、包装图形设计的原则

1. 注意信息传达的准确性

图形作为设计的元素，在处理时必须抓住主要特征，注意细节表现，准确地传达信息。

2. 形成鲜明而独特的视觉感受

在产品销售过程中，包装起到了广告的作用，在设计图形时不仅要传达出内容物的特定信息，还须具有鲜明而独特的视觉感染力。

3. 注意局限性与适应性

图形可以传达出一定的信息，在设计时，应对产品适销国家、地区、民族的风俗和习惯加以注意，同时也要注意适应不同性别、年龄的消费对象。

4. 注意图形与文字之间的相互关系

图形在吸引消费者的视觉关注度方面，比文字更有魅力，因其更加直观。图形的应用与处理，要避免布局的随意性，应与文字建立起必要的联系，同时，防止图文之间缺乏主次。

---小 贴 士---

图形创意能使包装设计更加有趣

在优秀的包装图形设计中，可以看到图形创意的表现方式，比如同构和置换（如 Beak Pick 食品包装），也可以将包装的图形或结构与内容物结合进行创意（如下一节中的 Bic-Socks 袜子包装），这会非常有趣！

Beak Pick，食品包装，Backbone Branding
主体图形将鸟的头部置换成水果或花朵的形状，鸟喙与果柄或花柄完美契合，精确传达出果酱、果干和果饮包装的理念：人类应该像小鸟一样吃水果，每次少量的享用和用心的品味，而不是吃得过快。

第三节　色彩的设计

案例：Bic-Socks 袜子包装

　　BIC 是一个世界闻名的大品牌，旗下的一款袜子包装模拟不同颜色和造型的鞋子。每种色彩的包装都代表一种与鞋子相配的袜子，红色是运动鞋袜，蓝绿色是女鞋袜，橙黄色是休闲鞋袜，灰黑色是男鞋袜。色彩分明的包装极易被分辨和挑选，颜色的运用让人很容易识别袜子的类别，系列色彩和图形也形成了一个视觉系统。

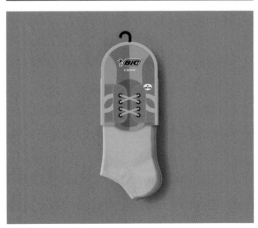

Bic-Socks，袜子包装，Mousegraphics

现代科学研究表明，人从外界接受的信息 90% 以上是由视觉器官传入大脑的，来自外界的一切视觉形态都通过色彩和明暗关系来区分，如物体的形状、空间、位置等。因此，色彩在人们的社会活动中具有十分重要的意义。

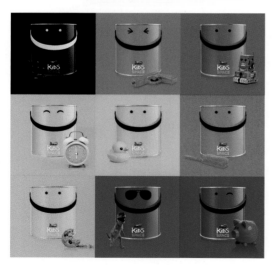

Dulux-Kids Space，儿童空间油漆概念包装，Springetts Brand Design Consultants
色彩设计大胆明亮，在底色鲜艳的桶身上，用黑色手柄和眼睛图形相配合形成笑脸，巧妙地采用白色的手写字体突显儿童特征。油漆产品的名称也个性化地以颜色及动物命名，例如"大黄鸭"等。

一、包装中色彩的应用原则

在设计中，应根据产品的属性选择不同的色彩和色调。日本色彩专家大智浩，曾对包装的色彩设计做过深入的研究，他在《色彩设计基础》一书中，对包装的色彩设计提出以下八点要求：

① 是否在商品竞争中有清楚的识别性。

② 是否很好地传达了商品的内容。

③ 是否与其他设计元素和谐统一，能有效地表达商品的品质和分量。

④ 商标是否能直接被购买者所接受。

⑤ 是否有较高的明视度，并能对文字有很好地衬托作用。

⑥ 独立包装的效果与多个包装的叠放效果如何。

⑦ 色彩在不同市场、不同陈列环境是否都充满活力。

⑧ 商品的色彩是否受色彩管理与印刷的限制，效果是否始终如一。

除此之外，随着经济全球化的发展，有些商品远销海外各地区，这就要求设计师在进行设计之前做好充分的调研，在色彩的运用中应注意不同民族与地域的色彩偏好与禁忌。比如，在瑞典，蓝色象征着男子气概，在日本男子气概则以黑色代表，而荷兰和瑞士则视蓝色为女性色；红色在美国和瑞士象征着清洁，而英国却视其为低劣色；等等。

在激烈的商品市场上，想要使商品具有明显区别于其他产品的视觉特征，更富有吸引消费者的魅力，能刺激和引导消费，增强人们对品牌的记忆，都离不开色彩的设计和运用。

二、色彩的设计要点

1. 色彩的对比与协调

色彩只有对比才能产生效果。色彩的对比包括色相对比、明度对比、纯度对比和冷暖对比。色彩原理虽然复杂，但通过使用色轮，我们能高效地搭配出适宜的色彩组合。

（1）色彩三要素

色相：用于区别色彩。如红、黄、蓝是色轮的基础，也称为三原色。三原色在色轮中是所有色彩的"父母"，它们可以混合出橙、绿、紫三间色，以及丰富万千的复色。

明度：色彩的光亮度。色彩由于光度的不同而产生明暗现象，如黄色的光度最强，紫色最弱。色轮的中心最亮，从中心至圆周，明度依次降低，即色彩变暗。

纯度：色彩的饱和度。纯度越高，色彩越鲜明；纯度较低，色彩则较暗淡。

（2）色彩搭配

根据色轮，我们列出以下四种基本的色彩搭配。每一种色彩关系都可以有无数种搭配的可能，但要用得适度，才能达到色彩和谐、醒目的效果。

单色搭配：由一种色相的暗、中、明多种色调组成。单色搭配并没有形成色相的层次，但形成了明暗的层次。这种搭配在设计应用时效果非凡，有和谐、高级之感。

类似色搭配：类似色即色轮中相邻的颜色，也叫类比色。不同色相的类似色都拥有共同的颜色部分，但又异常丰富。类似色搭配会产生一种低对比度的和谐美感。

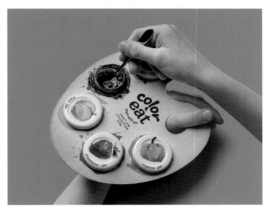

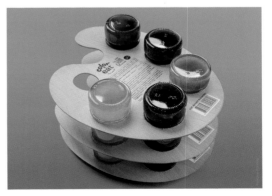

Color eat，果酱包装，Backbone Branding
包装设计师根据画家的调色板构建创意概念。调色板结构便于携带，也方便孩子手拿，此设计将吃果酱的过程变成一种有趣的互动活动。美味的果酱（草莓、无花果、南瓜、桃子和菲油果）就像彩色的颜料，让孩子成为小艺术家，用勺子充当画笔，在一块用吐司做成的画布上肆意挥洒。

　　原色搭配：即红、黄、蓝三原色的搭配。红、黄、蓝搭配鲜艳强烈，但可以通过调节明度和纯度达到和谐悦目的效果。三原色搭配多用于儿童用品、快餐行业等。

　　补色搭配：在色轮上直线相对的两种颜色称为补色，它们形成强烈的对比效果，传达出活力、能量等意义。补色搭配要达到最佳效果，可调节明度和纯度，即补色中混合类似色，或应用时通过改变面积对比来达到和谐的效果，彰显魅力。

　　在色彩搭配中要注意调和，否则画面就会显得过分生硬，控制好对比与调和的关系，才能达到良好的效果。

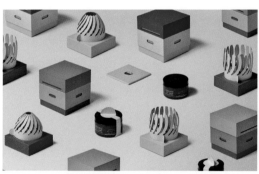

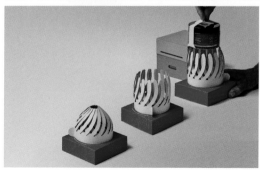

Steens'Mānuka，蜂蜜包装，davidtrubridge，Think Packaging，Wrapology
包装的外观和色彩灵感来自于蜂箱。新西兰的乡村中，蜂箱常被油漆成明亮的对比色，这样，蜜蜂就能认出自己的家，避免飞到其他蜂巢。打开高明度、高纯度的补色搭配或原色搭配的外盒，交错结构的内盒如花瓣展开并绽放，露出颜色为蜂蜜固有色的罐子。

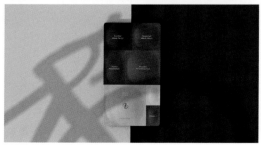

Identité，美容产品包装，Nick Sandham
Identité 是根据 AI 人工智能订制的美容产品。低明度和低纯度的类似色搭配，象征产品中没有添加刺激的化学物质和防腐剂。

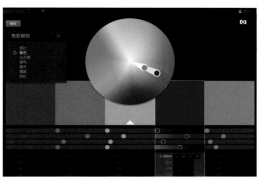

单色，Adobe Color CC 网站中的色轮

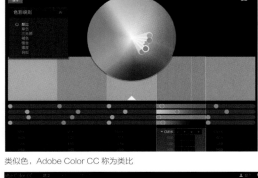

类似色，Adobe Color CC 称为类比

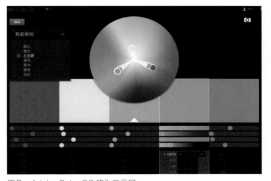

原色，Adobe Color CC 称为三元群

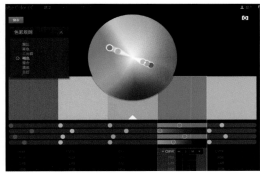

补色，Adobe Color CC 网站中的补色

在设计中使用 Adobe Color CC 网站中的在线色轮工具，可以帮助初学者找到合适的色彩组合。

--- 小 贴 士 ---

有用的色彩网站

https://color.adobe.com/zh/create/color-wheel/

Adobe Color CC 网站的在线色轮，是一个快速建立色彩组合的工具，通过网站提供的类比、单色、三元群、补色、复合、浓度、自定七种色彩搭配，我们可以轻松准确地找到心仪的色彩组合及对应的 CMYK 和 RGB 值。此外还可根据图片影像建立色彩，并根据色彩情境（即彩色、亮色、柔和、深色、暗色、自定）选择合适的色彩组合。

http://www.colourlovers.com/

Colourlovers 是色彩创意社区，在这里你可以分享想法和灵感，与来自世界各地的人们创造并分享色彩、调色板和模式，大家一起讨论最新的色彩趋势，探索丰富多彩的世界。

2. 色彩的主调与层次

根据新产品上市前的市场调研和分析，可基本上确定包装的主色调。主色调是通过某种颜色在包装上占据主要地位或较大的面积营造的。可以单色搭配、类似色搭配、补色搭配等方式选择主色调的配色。其中类似色搭配较为丰富，可将两个色相相近的颜色组合形成一种色彩倾向，作为主调。

除了类似色，设计者还可以组织好各个颜色的面积对比、色相对比、明度对比、纯度对比及冷暖对比的关系，使整个包装在主色调的统摄下，形成丰富鲜明的层次感和对比效果。

Sea Man，薯片包装，Pearlfisher
包装的主调为米色，通过橄榄绿、草绿等绿色系的类似色搭配，调和面积、色相、明度、纯度和冷暖对比的关系，给人丰富的视觉感受。

三、色彩的情感和联想

色彩能激发人的情感，使人产生联想。

1. 色彩的冷暖感

色彩的冷暖主要由色相决定，红、橙、黄为暖色，易使人联想到太阳、火焰等，产生温暖之感；而青、蓝为冷色，易使人联想到冰雪、海洋、清泉等，产生清凉之感。一般的色彩，加入白会倾向冷，加入黑会倾向暖。

4U，饮品包装，Bendito design
同样重量的饮料，中间浅紫色和右边淡蓝绿色的包装色彩明度较高，左边淡绿色的包装色彩明度低而且色相暖，相对而言，左边包装显得略重，中间和右边包装重量感轻些。

2. 色彩的轻重感

色彩的轻重感主要由色彩的明度决定，也受色相和纯度的影响。明度高的浅色和色相冷的色彩给人感觉较轻；明度低的深暗色彩和色相暖的色彩给人感觉较重。明度相同，纯度高的色彩感觉轻，而冷色又比暖色感觉轻。

3. 色彩的距离感

在同一平面上的色彩，有的让人感觉突出，有的让人感到隐退。色彩的距离感主要取决于明度和色相。一般情况下，鲜明色近，模糊色远；对比强烈的色近，对比微弱的色远。

Cortijo el Puerto – Farm Collection，西班牙调味品包装，Isabel Cabello，Ana Mure
包装上农场动物图案的色彩被处理成灰色和模糊色，将视觉焦点拉到了远方，突出文字要素。

4. 色彩的味觉感

在食品包装上，色彩对形成食品的味觉感有重要的作用。比如，人们一见到清淡的黄色用在蛋糕上，就会感到奶香味。一般来说，红色感觉辣，黄、白感觉甜，紫色感觉酸，棕色、黑色感觉苦，蓝色感觉咸等。不同口味的食品，采用相应色彩的包装，能激起消费者的购买欲望，取得良好的效果。

Cansi Fruit Group，饮品包装，Zhangyong Hou
功能性饮料润肺梨水系列包装，利用体现相应味觉感的色彩区别产品功能。根据图片次序，产品依次为低糖、蜂蜜、原味和强效罗汉果味梨水。

5. 色彩的华美与质朴感

　　纯度和明度较高的金属色具有强烈的华丽感；纯度和明度较低的灰色显得质朴、素雅。前者可用于化妆品、礼品、工艺品等包装，后者可用于农产品等包装。

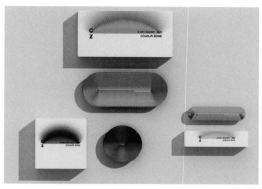

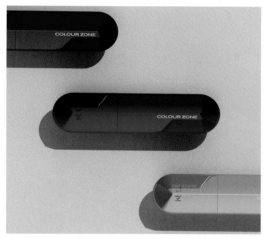

Colour Zone，彩妆包装，念相品牌设计

包装上的互补色组合，暗示人内心的多元与复杂。互补色和金属质感，具有强烈的未来主义倾向，色彩的华美感可以激发出无限的情绪色谱。包装采用极简的"UFO"造型，带领消费者在色彩 Zone 中探险穿越，最终通过极致的颜色体验找到真正的自己。色彩设计用极致而鲜明的理念激发不同意识形态族群对品牌的认同。

学习任务

包装的图形和色彩设计

　　要求：在本章第一节学习任务"包装的品牌文字设计"的基础上，进行方案的图形和色彩设计，此阶段同样需要围绕调研结果进行。

第四节　编排设计

案例：Auriga 巧克力

西班牙 Auriga 巧克力包装的编排设计好似图表设计，创意总监 Javier Bidezabal 将巧克力看作"图形"，作为包装编排的一部分，把商标、巧克力图形、色彩、文字和二维码等所有元素，以图表的形式，有规律地编排在一起，形成了一个有视觉趣味和交互体验的包装。

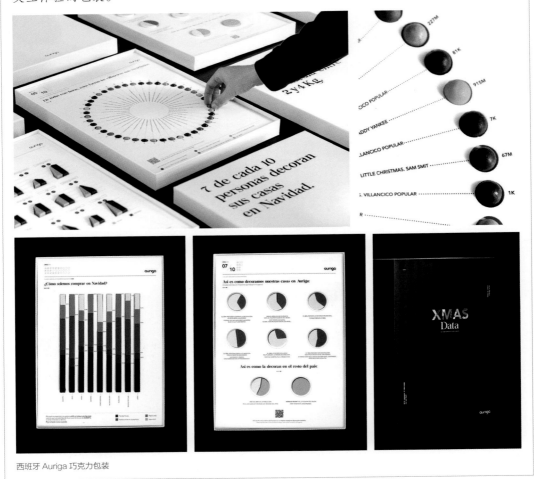

西班牙 Auriga 巧克力包装

包装的编排设计是将商品包装展示面的商标、图形、文字、色彩等一系列元素精心排列在一起，构成了一个完整画面的过程。

在包装的视觉传达设计中，要体现品牌名、商标、图形、文字、色彩等大量信息，所以在编排设计时，要统筹兼顾，理顺各要素间的关系，做到既突出主题、主次分明，又层次丰富、条理清楚。因此，要遵守并正确处理好主体与陪衬、对称与平衡、对比与协调等原则与关系。

一、包装编排设计的原则

1. 主体与陪衬

在版面设计中，通常把一个形象或一组文字作为主体，放在最显眼的位置，此即为主体。但如果仅有主体，没有其他元素陪衬就会显得单调；反之，如果陪衬太多或太突出，又会喧宾夺主。因此，要使主体与陪衬相互呼应，同时做到主题突出、宾主分明。

2. 对称与平衡

对称与平衡是元素设计的基本法则。平衡指的是左右元素等量但不等形，对称指的是左右等量又等形；平衡的形式给人以活泼的感觉，对称的形式给人以平稳庄重的感觉。

3. 对比与协调

对比在编排中有疏密、虚实、前后、大小、曲直等表现形式，包装编排中如果没有对比就会显得单调平淡，正确运用对比关系可以使画面效果更完美。但如果只有对比而忽视了协调，画面中各元素就会显得不和谐。

汉水硒谷，矿泉水包装，凌云创意
包装的视觉元素以水源地秦岭的动植物图形为主体，将金丝猴和植物的同构图形放在视觉中心，占画面一半，文字陪衬在左右，版面干净有秩序感，编排主次分明。

andSons Chocolatiers，巧克力包装，Base Design
左图中，左起第3、4和6的包装主体图形为对称构图，第1、2、5、7和8的包装主体图形为平衡构图。

Johnny Doodle，软糖包装
包装版式中，右上部分框中的文字
与其他视觉元素呈疏密对比，左上
黑粗体的字母和中下部的字母呈大
小和虚实对比，中间色块线框中的
商品名称和背景文字呈前后对比，
中间商品名称的线框和右上角线框
呈曲直对比，对比关系的处理使画
面更加丰富。

二、包装编排设计的构成类型

包装设计的视觉编排，包括内在的形式规律和外在的变化效果，前者支配后者。在进行编排设计时，不仅要处理好图形、文字、色彩之间的比例及逻辑关系，还要注意统一性、整体性、关联性、生动性等原则，各个部分要向一个目标靠拢，清晰地表达一个意义，使各元素之间构成一个和谐的整体。

包装编排设计的基本方式大体上可归纳为以下 18 种常用的构成类型。

1. 对称式

对称式构成形式可分为上下对称、左右对称等，其视觉效果一目了然，给人一种稳重、平静的感觉。在包装设计中应利用排列、距离、外形等因素构成微妙的变化，避免单调感。

"乡嗑·高原香"大颗粒瓜子包装，左和右创意团队，周景宽、孙琳琳、子琼
左右对称的猴子、仓鼠和鹦鹉插画图形视觉效果稳重而夺目，动物鼓起的嘴巴与葵花子共用轮廓，形成正负形。巧妙的图形创意表明葵花子的颗粒超大，包装设计令人爱不释手！

2. 均衡式

均衡式具有横向平行、竖向垂直、斜向重复的构成基调，在均匀、平齐中获得秩序。在单一方向的构成中，编排时要注意主要形象与次要形象之间的平衡关系，以取得视觉上的稳定感。

3. 垂直式

垂直式构成中各元素采用竖向形式排列，以文字（中文、英文）编排最为典型。这种构成形式给人以严肃、挺拔的视觉感受，有很强的韵律感和方向性，比较适于长、高外形的产品。

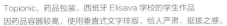

Topionic，药品包装，西班牙 Elisava 学校的学生作品
因药品容器较高，使用垂直式文字排版，给人严肃、挺拔之感。

Doves Farm，有机面粉包装设计，Rob Hall
平齐的文字编排与均衡的图形布局，构成平衡的稳定感，但也略失变化和趣味。

4. 水平式

构图中各元素采用横向形式排列，形成安静、稳定的视觉感受。这种构图形式比较传统。在具体的设计过程中，要在平稳中求变化，以免给人呆板、平淡之感。

5. 倾斜式

倾斜式构图给人很强的方向感和速度感，构图中各元素由下向上或由左到右，以统一的律动形成活跃的视觉画面。在具体的设计中，要注意在运动中求平稳。

Marionnaud – Skin care range，护肤品包装，Desdoigts & Associés
水平式的文字编排符合视觉习惯，弧线和纵向的图形打破了水平式的呆板。

CarPro，汽车用品包装，Piotr Polus
根据汽车产品的行业特性，倾斜式的图形和色彩彰显速度感和时尚感。

6. 弧线式

弧线式骨架包括圆式、"S"线式、旋转式等，这种构图形式灵活多变，会在画面上形成圆润活跃的律动结构，给人浪漫、流畅、舒展的视觉感受。

7. 分割式

分割是一种对画面进行明确的空间、位置、形状安排的构成方法，它可以使画面呈现出明显的秩序感。分割式在视觉上要有明确的线性规律，除了垂直式、水平式、倾斜式、弧线式分割，还有十字分割、垂直偏移分割等。采用分割式构成时应注意各个局部与整体之间的和谐统一关系。

Green Story，花园护理系列包装，Alexander Cherkasov
弧线式的文字排版、花体字的商品名名、圆形的主体图形、象征生机蓬勃的"S"形构图，传达了有机包装的概念。

Albert Heijn – Brouwers beer，啤酒包装，Jobert van de Bovenkamp
荷兰的啤酒包装采用蓝白色的分割式样，独树一帜的风格有助于新产品的推广。

8. 线框式

以线框作为构成骨架，使视觉要素编排有序，具有典雅、清晰的风格。在具体编排时应视情况而变化，避免过于刻板、呆滞，画面中不一定要出现有形的线，图形的轮廓线在视觉上也有线的作用。

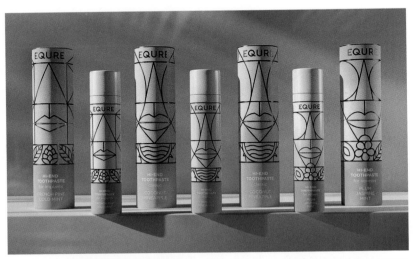

Equre，口腔护理包装，Repina Branding

包装的创意概念为"美丽微笑的崇拜"，打开圆筒盖，就好像打开了包装表面图腾的嘴巴。根据市场调研，线框式的版式符合时尚美学和高端细分的市场需求。Equre 摒弃传统的牙膏管，在圆筒中装入牙膏包装袋，圆筒还可以作为牙刷的"旅行箱"。

9. 穿插式

穿插式是将文字、图形、色块等要素相互穿插、交织组合的一种表现方法。这种构成方式会为画面带来富有个性的响亮效果，既有条理又较为丰富多变。在进行组织构成时，穿插式通常能有效地突出主题，丰富视觉形式，但应注意主次关系和对比协调，以免造成杂乱之感。

Liberté，加拿大酸奶包装，Stand MTL
穿插式的表现方案是从两百多个设计方案中筛选出的最终稿，灵感来自插画师 Douglas Schneider 的植物插画，将干净的品牌文字编排在包装中心，品牌和植物水果图形相互穿插结合，以强调产品的自然和有机特性。自该品牌和 Stand MTL 合作以来，Liberté 的市场份额增长了三倍。

10. 重复式

重复的构成方式一般会产生单纯的统一感，秩序感强。在重复的基础上局部稍做变化，将会产生更加活跃的效果。在设计时，可以利用多种重复方式，以增强视觉特征和丰富画面效果。常见的带图案的礼品包装纸的设计就是典型的重复式构成。

Biscuiterie Jules Destrooper，比利时饼干包装，Jürgen Hughe
重复式的设计灵感来自高级时尚品牌的豪华包包，限量版包装中浮雕工艺的饼干和皇冠图形重复排版，彰显该品牌源自 1886 年的悠久历史和传统。如此珍贵的包装只能用特殊的 Jules Destrooper 钥匙打开，在解锁中，探索神秘而独特的味蕾宝藏。

Farrow & Ball，涂料包装，Butterfly Cannon
包装灵感来源于自然历史博物馆所保存的一本名为 *Werner* 的书，书中有记载颜色的命名法，达尔文曾在他的环球航行中使用过这本书。包装的上半部分为重叠式的彩色及黑白动植物插图，灵感来自 *Werner* 书中描述的自然色彩。为了避免重叠式所带来的混乱感，以圆形标志 F&B 作为构图中心，突显商品品牌。

bamboo tissues，竹纸巾包装，Anthem
配合竹子设计的仿生包装造型，中心式版式显得醒目、简约、高雅。

Butter Bike Co，花生酱包装，Buddy
散点式的图形模仿轮胎花纹，传达了品牌名称 "Bike" 的故事和产品的特殊味道。

11. 重叠式

重叠式是构图中各元素多层次重叠，产生前后关系，使画面丰富立体，有律动感。这种编排形式强调层次感，但如果处理不当会有信息混乱的感觉。

12. 中心式

所谓中心，可以是几何中心、视觉中心，或成比例需要的相对中心。中心式是将视觉要素集中于中心位置，四周留有大片空白的构成方法，主题内容醒目突出，效果高雅、简洁。在设计时应讲究中心面积与整个展示面的比例关系，还须注意中心内容的外形变化。

13. 散点式

散点式是视觉要素分散配置排列的构成方法，形式自由、轻松，可以营造丰富的视觉效果。构成时需讲究点、线、面的配合，并通过相对的视觉中心产生整体感。

14. 聚焦式

聚焦式编排方法通常是将品牌的主体视觉形象安排于视觉中心点，周围则留以大面积空白，突出主体文字与图形，其视觉效果的冲击力很强，极富现代感。在设计时要敢于留出大片空白，处理好空白部分与密集部分的关系，以使品牌得到强化突出。

15. 对比式

对比式是特意为图文编排制造较大的差异，形成强烈的视觉对比。对比式与聚焦式有相同的目的，但对比式更注重画面图文的趣味性，有大小对比、高低对比、疏密对比等，还应在质地对比、色彩对比、位置对比、动态对比等方面予以配合，这样则更能加强对比效果。

此外，对空白的处理不能随意，差异固然能产生视觉效果，但画面的均衡也要多加考虑。

16. 疏密聚散式

疏密聚散式是通过造型要素在空间中聚合与分散，以其位置的变化产生节奏韵律感，较轻松自由，变化余地大。但编排上的自由是相对的，它也应该遵循相应的内在规律，例如与均衡、韵律感的结合。

云姜小黄姜原酿酒包装，Darren Cheng，Wang Qi，Sophia Xun
聚焦式的设计，将产品名称置于视觉中心，大面积留黑底，并以线形图案装饰，瓶贴为不规则形状，别有味道。

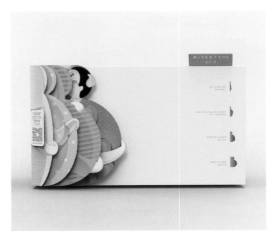

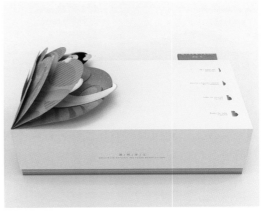

谜·思唐孕妇燕窝包装，左和右创意团队：周景宽
包装主体采用不同孕期孕妇图形，利用图形和结构的对比，体现产品对孕期消费群的心理诉求的重视。以"孕期妈妈好，宝宝出生好"的概念，提炼了符号 B，代表 Beautiful（美丽）、Better（更好）、Baby（宝宝），字母 B 由瘦到胖，形似女性孕期不同阶段的身体特征，也代表 Better and Better，孕妇和宝宝的美好变化。特殊的翻页结构，强化了动态对比的趣味性和交互性。右侧的空白、图标、文字与左侧的图形结构，形成疏密聚散式的效果。

17. 肌理对比式

肌理对比是利用包装材料或印刷工艺产生的肌理特征进行对比，造成独特的视觉个性。

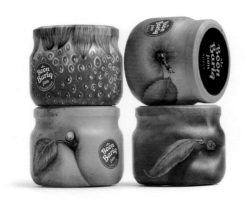

Boon Bariq，果脯包装，Backbone Branding
模仿水果的肌理，用印刷果皮包裹罐子，底部透明，使产品可见。肌理式的设计，不仅在货架上造成独特的视觉冲击，而且让人感觉产品配方中有更多的天然成分，使消费者与产品的自然本质产生共鸣。顶部的开口，在打开时不会破坏整体包装。黑色盖上的彩色标志的颜色，与相应的水果颜色一致。在亚美尼亚语中，瓶身上蓝色标贴上的文字"Bariq"意为"礼物"，"Boon"意为"真实的"，因而该产品的中文名为"真实的礼物"或"自然的馈赠"。

18. 综合式

综合式是一种无固定规则的构成方式。无固定规则并非不具有规律性，而是强调遵循多样统一的形式规律，综合运用多种构成类型。综合式的应用将会产生丰富多样的效果。

LIFEWTR，饮用水包装，PepsiCo Design & Innovation，Featured Artists Andrew etc.
LIFEWTR 的包装编排为综合式，这是签约艺术家们热爱的无规则式的表现方式，将手绘元素、电子图形、摄影图片和材质肌理等混合表现，产生极具个性的美感。

—— 小 贴 士 ——

包装的视觉设计原则

信息传播原则、商品促销原则、综合工艺原则、文化传播原则。

学习任务

包装的编排设计

要求：在前面作业的基础上，进行编排设计，至少尝试 5 种编排设计构成类型。

提示：同样的图形和色彩，根据不同的编排设计构成类型，能设计出不同风格和形式的包装视觉效果，在包装视觉设计的最后一个阶段，需要根据设计定位和调研结果，反复尝试编排类型，找到最佳的排版设计。

第四章

包装的造型设计

包装容器的造型

纸盒包装的造型

4

第一节　包装容器的造型

案例：农夫山泉长白山玻璃瓶天然矿泉水

针对高端饮用水的细分市场，农夫山泉耗时近三年，找到了长白山山脚下的优质水源地莫涯泉。包装研发期间，来自英、意、俄3国5个国际团队，提供了58稿、300多个设计方案，经比较，最终 Horse 团队拔得头筹，用三年时间打造出这款容器包装。Horse 工作室设计的独特瓶形，表达出水源地纯净迷人的景色。瓶型构思灵感来源于水滴下落的形态，造型柔和优雅，委托世界顶级的玻璃制造商生产容器，高标准的制造有助于提升玻璃瓶的纯净度和清晰度。玻璃瓶身上展示典型的长白山动植物和气候。4款全透明玻璃包装为不含气天然矿泉水，以天气和植物插画表现，分别是蕨类植物、山楂海棠、红松果实和雪花；4款泛绿色玻璃包装是含气天然矿泉水，以动物插画表现，分别是马鹿、鹗、东北虎和中华秋沙鸭。近几年，农夫山泉又逐年推出中国农历新年生肖瓶，所有图案以丝网印刷的方式承印，极具特色。

微信扫码，看农夫山泉玻璃瓶天然矿泉水设计方案

微信扫码，看农夫山泉玻璃瓶天然矿泉水设计方案纪录片视频

农夫山泉长白山玻璃瓶装天然矿泉水

一、包装容器的分类

按形态可以分为：盒类、袋类、瓶类、罐类、坛类、盘类、桶类、筐篓类等造型。

按材料可以分为：陶瓷、玻璃、PVC、金属、石材、木质、天然材料、综合材料等类型。

按结构可以分为：便携式、易开式、开窗式、透明式、悬挂式、堆叠式、组合式等类型。

二、包装容器造型的设计原则

适用、经济、美观是容器包装造型设计需普遍遵守的基本原则。适用是指包装容器的造型结构要满足人们的使用。经济是指包装容器的制作成本价格合理（包括包装原料的费用、生产成本、产品价格等）。美观是指包装容器的外观要好看，符合大众审美。

随着时代的发展，人们对包装容器的造型要求已超出了物质的需求，因此，在运用包装容器造型的设计原则时，应根据具体情况具体分析。

三、包装容器造型设计的形式法则

人类在长期劳动和寻求美的过程当中积累了丰富的经验，并不断发展，形成了包装容器造型设计的形式法则，并成为进行包装设计构思时的理论依据。

Port of Leith Distillery，酒类包装，UK Contagious Design
瓶身的线条造型与光滑的瓶颈及瓶贴形成对比，整体协调又有律动感，影射 Leith 港码头的建筑设计和波光粼粼的海面。瓶身完全对称，瓶贴和标签较为平衡。瓶身的线条造型带来节奏与韵律，整体与局部处理得当，线条在瓶颈处做收拢变化，但又整体统一，既富动态又有静感。同样精彩的容器造型请见第 30 页的 Octopus 章鱼朗姆酒包装。

1. 对比与调和

对比是把造型中某些元素组织在一起，使之产生不同程度的对照关系，如大小、高低、曲直、粗细、宽窄、明暗、黑白、虚实、光滑与粗糙、透明与不透明等。调和是指所有元素达到协调的效果。包装容器造型设计的对比与调和包括：线形的对比与调和、体量的对比与调和、空间的对比与调和、肌理的对比与调和等。

2. 对称与平衡

对称是生活中一种常见的形式，体现在包装容器造型中，即左右、上下同形同量。平衡又称均衡，体现在包装容器造型中，即左右、上下在感觉量上是相同的。对称的东西都是平衡的，但平衡的东西不一定对称。

—— 小 贴 士 ——

视觉传达设计专业怎样进行容器造型设计

瓶子的造型对于非包装工程和非工业设计专业的同学来说，难度是很大的。但瓶身和瓶盒的设计就相对易于着手。瓶身设计，分为瓶口（瓶盖）、瓶颈、瓶肚、瓶底等的设计。瓶颈和瓶肚是设计重点，也可以合二为一进行设计。如果我们把瓶子想象为人体，那么瓶身设计就不局限于我们见过的传统啤酒和红酒包装。比如，瓶贴可以套在"颈上"，或缠在"身上"，或穿在"身上"等。当然，对瓶贴、瓶身和瓶盒也可以进行创意设计。

Perfeccionista，酒包装，Creative Director: Roberto Núñez
对称与平衡形式的玻璃容器造型非常耐看，该包装的点睛之笔是木质吊牌，这块吊牌来自木质外盒包装的局部，锯齿状的吊牌边缘与顺滑的玻璃容器形成动感与静感、节奏与韵律的变化统一、内与外、整体与局部的关系融洽自然，在造型、材质、编排等设计上的对比调和十分得当。

3. 节奏与韵律

节奏是有条理、有变化地重复某一元素，从而形成秩序的变化美感，如形的堆叠、旋转形重复、大小重复、近似重复、渐变形重复等。韵律是在节奏的基础上赋予轻重缓急、抑扬顿挫的情调，如连续的韵律、交错的韵律、渐变的韵律、起伏的韵律等。

4. 整体与局部

整体与局部是一对矛盾体，一件容器的口、颈、肩、腹、足、底、盖等对于容器本身而言都属于局部，在设计中，局部要服从整体的需要，在塑造整体风格的前提下细化局部处理。局部设计的好坏会影响整体的效果。

Mikado Lemon，起泡清酒包装，Eisuke Tachikawa
瓶贴设计是模仿一条柠檬皮，通过 UV 工艺来表现柠檬皮凹凸的真实感，传达自然新鲜的理念。此设计不仅直观易懂，而且像高级香槟酒瓶一样豪华。该产品通过新包装设计开拓了市场。

5. 变化与统一

变化与统一是指形与形之间达到和谐的关系，可通过线与形的呼应，以及形状、空间、虚实的呼应实现。在使用变化统一法则时要运用得当，连贯性越强，越显得整体统一。

6. 动感与静感

静感可分为实际结构的稳定和视觉上的稳定两种。重心极其不稳的造型很难有美感可言，但呆板敦实的造型又不是理想的设计形态。因此，包装容器的造型设计应在稳定中求动感，生动中显稳定。

包装容器造型的制图与制模是准确生产和加工的依据。造型制图包括正视图、侧视图、俯视图、轴侧图。制图可通过计算机或手绘完成，要严格按照比例制作。造型制模可采用石膏、木材、PVC 等材料。由于容器造型跨学科领域较多，这里不做重点介绍。

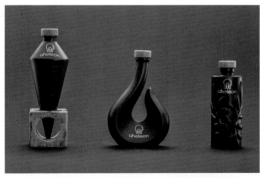

Aheleon，橄榄油包装，Km creative
三个陶瓷容器造型的灵感来源于橄榄油原产地的地域特征和文化，分别是 Psili Rachi、Kamenitsa 和 Peiros。同地区用同样的瓶形，以黑、白两色区分收集橄榄的时间，早期收集的是白色陶瓷瓶装的绿色橄榄油，晚期收集的是黑色陶瓷瓶装的成熟橄榄油。三种容器造型的节奏韵律、静感动感各异，但在对比调和、对称均衡、整体局部以及变化统一的处理上都恰到好处。

Figlia，限量版橄榄油包装，Superunion
为了庆祝 D' Argenio 品牌产生了第一位女性掌门人，团队精心挑选艺术家手工定制的陶瓷瓶作为容器包装，陶瓷瓶的局部变形和细腻线条，使动静变化统一，且富有女性特征。

第二节　纸盒包装的造型

案例：CS 品牌灯泡设计

来自白俄罗斯的 CS 品牌灯泡包装荣获了 Pentawards 2017 年的白金奖。设计师 Angelina Pischikova 以爱迪生发明灯泡的故事为设计概念，通过纸制品的图形和开窗造型将昆虫形态和灯泡相结合，使人联想到爱迪生观察发光的萤火虫的故事。纸制品灯泡包装的插图和造型易于引起人们的注意力，激起人们的好奇心。

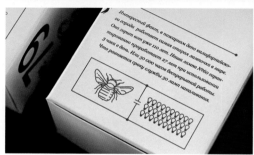

CS Light Bulbs，灯泡包装，Angelina Pischikova

纸盒包装造型是通过一定的纸质材料、造型结构和技术手段创造出立体外观形态的过程。纸盒包装造型应当遵循经济原则，以最低的成本取得最佳的效果。

纸盒包装是包装设计的一种重要类型，也是包装设计不可缺少的构成部分，由于纸成本低、易加工、效果好、适用广等优势，也是我们日常生活中应用最广泛的一种包装材料。对于艺术设计专业学生而言，相对于其他材料的容器包装，纸盒包装易于上手操作，且造型丰富多变，适用范围广，因此，是需要重点掌握的包装造型类型。

一、纸盒包装造型的分类

1. 按加工方法分类

（1）折叠纸盒

折叠纸盒是应用最为广泛、结构变化最多的一种销售包装，按成型方式可分为管式折叠纸盒、盘式折叠纸盒、管盘式折叠纸盒和非管盘式折叠纸盒等。

（2）粘贴纸盒

粘贴纸盒与折叠纸盒外型类似，但要通过粘贴的方式定形，按成型方式可分为管式粘贴纸盒、盘式粘贴纸盒和管盘式粘贴纸盒三大类。每种纸盒类型又可以根据局部结构的不同，进一步细分，并且可以增加一些功能性结构，比如组合、开窗、提手等。

日本 Stilk 筷子包装，kad ltd. 天野和俊
能够在外部看到一根筷子的细长包装是具有展示功能的管式纸盒，打开管式纸盒，内部有 4 根筷子。盛放 10 个管式纸盒的外包装是盘式纸盒，一个盘式纸盒共能容纳 40 根筷子。管式纸盒优雅纤细，盘式纸盒稳重宽大。

2. 按造型形式分类

（1）间壁式纸盒

间壁式结构纸盒主要用于隔离易于破损的商品，如灯泡、瓷器、玻璃、鸡蛋等，起到固定商品位置的作用，使商品可以得到有效的保护。

Brooks Dry Cider，啤酒包装，Tosh Hall
间壁式纸盒，将四瓶啤酒隔离，有效地固定和保护易碎的酒瓶。这款包装也是手提式纸盒，非常便于提携较重的啤酒。

Marais 钢琴蛋糕包装，Latona Marketing Inc. Kazuaki Kawahara
端庄的天地盖式纸盒中，装有 15 个小蛋糕盒。天地盖的上盖完全盖住下盖。小蛋糕盒为管盘式折叠纸盒，利用盒型六个面的图形，组合成钢琴琴键式样。15 个盒子均是同一种设计，但又能通过组合排列出不同样式，不仅美观大气，具有交互性，而且有效控制了成本。

（2）天地盖式纸盒

天地盖式纸盒由上盖和下盖两部分组成，闭合时，上盖盖住部分下盖，或上盖完全盖住下盖。

（3）摇盖式纸盒

摇盖式纸盒的盒身、盒盖、盒底皆由一板成型，盒盖可打开至任意角度，盒盖摇下，能盖住盒口。这种形式使用的纸料基本呈长方形或正方形，比较经济，内部物品易于取出且便于陈列及宣传。

Google-Project Fi，节日礼品包装，David Turner and Bruce Duckworth etc.
摇盖式纸盒仅用一张纸制成，较为实用和经济。

（4）开窗式纸盒

开窗式结构的最大特点就是通过镂空的方式将内容物或内包装直接地展示出来，给消费者以直观、真实的视觉信息。开窗的形式有局部开敞、盒面开敞等，视商品具体情况而定。通常，会在开窗处的里面贴上PVC透明胶片以保护商品。

做开窗设计时有两个原则必须遵守：一是开窗的大小要反复斟酌，开得太大会影响盒子的牢固性，太小则看不清商品；二是开窗的形状要美观，不宜太过细碎，如果切割线过于繁杂反而会显得琐碎。

（5）手提式纸盒

手提式纸盒是一种受手提袋设计启发而来的包装，其目的是使消费者提携方便。这种盒型大多以礼品盒形式出现或用于组合商品，提携部分与盒身一板成型，利用盒盖和侧面的延长相互锁扣而成，可附加PVC、纸材、绳索等用作提手，或利用商品本身作为提手，既可手提，又可悬挂。包装内空间也可设计成间壁结构。

Imayotsukasa Bullet，日本清酒包装，Aya Codama
这款开窗式纸盒，开窗部分犹如一条条鱼，象征观赏鱼——锦鲤，将锦鲤身上美丽的红色图案应用于瓶身设计，外部纸盒与内部酒瓶组合会形成透叠的锦鲤图案，清酒即以"锦鲤"命名。

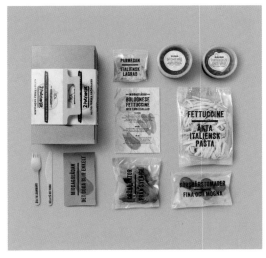

ICA Dinner Box，餐盒包装，Designkontoret Silver
手提式餐盒，印有精美烹饪说明的纸套和手提结构为一个整体，很方便带回家，给人便捷之感。

（6）异型纸盒

异型纸盒主要有三角形、菱形、梯形、五角形、六角形、八角形、圆柱体、半圆形、书本形等形态。这类纸盒是通过弧线、直线的切割和面的组合呈现出包装造型的，其优点是新颖、美观。设计这类盒型时可学习和借鉴纸艺术、纸结构等相关知识。

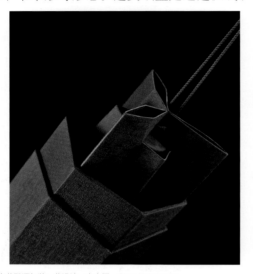 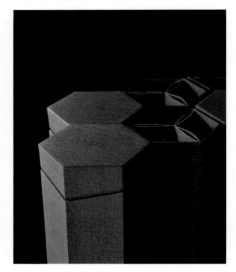

上海花雕酒包装，荣设计，李太阳，Chenli Yuanxun
这款六面棱柱体异形纸盒，以其创新的结构和提取方法，将酒与琥珀相类比，使人产生从包装中拿出酒像是取出珍宝一般的感觉，异形盒强化了这种仪式感，传统六边形和绳结传达了中国传统文化的气质。

（7）陈列式纸盒

陈列式结构的纸盒在货架或柜台上陈列时，将盒盖打开可形成一个展示架，盖子放下后，即成为一个完整的包装盒，能有效地保护商品，在超市可经常看到此类包装。其主要设计创新之处体现在盒盖部分，盒盖里面的图形文字起着广告宣传的作用。

Purabon 食品包装，Leanne Balen
陈列式纸盒将所有小包装食品陈列出，竖起的盒盖展示牌让人直观地了解信息，起到宣传的作用。

（8）方便盒和特殊结构式纸盒

这种纸盒结构以解决消费者携带和取用商品时的麻烦问题为宗旨，并结合商品的特性来设计。近些年外卖包装多用特殊结构式包装。

俄罗斯外卖啤酒包装，Ivan Maximov
特殊结构式纸盒实现了一个新概念——将啤酒带走。把酒吧自酿的啤酒装入纸杯，4 个纸杯放入瓦楞纸盒中，这款特殊结构式纸盒既是手提式纸盒又是陈列式纸盒。

二、纸盒包装造型的设计要点

1. 常用制图符号和纸盒的基本结构

纸盒包装造型设计的关键点是制作展开图。在制作展开图前，需要注意制图符号和纸盒结构。在制图设计完成后，应该按图制作出一个样盒以检验是否符合设计尺寸。

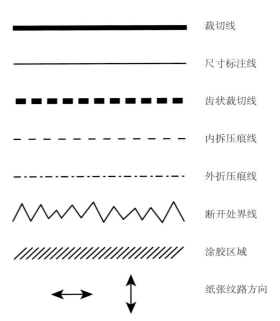

常用制图符号

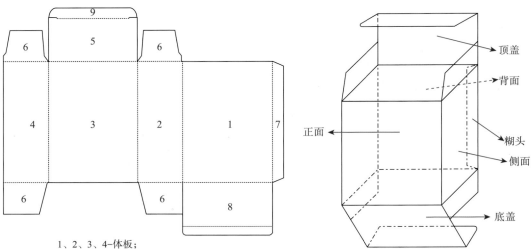

1、2、3、4-体板；

5-盖；6-防尘翼；7-糊头；8-底；9-插舌

纸盒的基本结构

2. 纸盒包装设计的原则

（1）实用性原则

纸盒包装设计时必须考虑其内容物的性质、形态、重量、尺寸等因素，以实现包装收纳和保护内容物的作用。

（2）经济性原则

要考虑厂家对产品的成本核算，力图花最少的钱达到最好的效果。

（3）审美性原则

要符合时代的流行趋势和大众的审美需求。

3. 纸盒包装设计的要点

（1）材料选用

材料一般选用印刷效果良好，且与商品特点相契合的经济型材料，如黄板纸、牛皮纸、卡纸、白板纸等。

（2）纸盒插舌的切割形状

在设计盒形结构时，应该在插舌两端做圆弧切割，既便于开合，又能加强插舌两

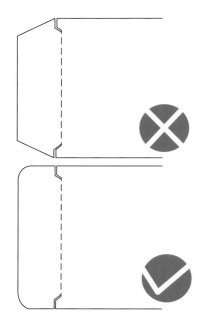

插舌形状示意图

下图打勾的插舌形状，盒盖后更加牢固。

端垂直部分与盒壁的接触面积，使插接更加牢固。

在折叠过程中，纸盒的贴接口，以及摇盖与盒体的插接贴合处一定要严丝合缝且坚固。如果接口放在贴合部分，就会影响插接效果。

（3）节省成本

较小的纸盒，可以在一个版面上排多个包装展开图，既节省纸张也减少印刷成本。套裁也能有效节省成本，如较小的纸盒，顶盖与底分别与盒子的正、背面结合，可以节省纸张。

（4）切口的美观

为了美化产品外观，不让纸板裁切后产生的断面被人看到，可将摇盖和舌盖设计为一体，然后做45°角的对折。

（5）压痕对纸盒成型的影响

纸盒是通过折叠产生的，平面的纸张一经折叠，本身就会出现向外和向内两个转折方向的面。纸盒在生产制作过程中的压痕在纸盒成型过程中起着便于折叠，提高纸盒抗压性的作用。设计时，不可忽视压痕线在印刷品表面的分布方向。压痕线方向与纸张纤维的排布方向平行时的压痕线宽度等于15%纸张厚度加上钢线厚度，垂直时的压痕线宽度稍窄。

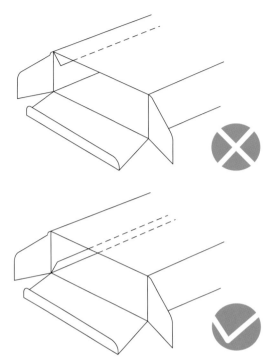

摇盖与盒体的插接处示意图
盒体的涂胶区域不宜放在摇盖合口的位置。

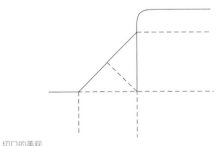

切口的美观
实线为裁切线，虚线为内折痕横线，根据示意图制作，切口较美观。

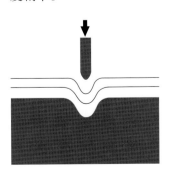

压痕

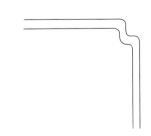

压痕
较厚的纸张，压痕时应在盒型的外部，也就是在纸张的打印面压痕。

（6）纸盒的固定

固定纸盒的结构通常可以采用两种方法。第一种方法是利用纸盒本身的结构，通过巧妙的设计使两边相互扣住。这种固定方法外形美观，看不到粘接或打钉，生产工序简便。第二种方法是利用粘接或打钉的方法，使纸盒固定成型。虽然在生产时多一道工序，但会大大提高效率。第二种方法中，胶粘剂是影响纸盒牢度的一个重要因素，选择胶粘剂，一般根据互相粘接的两部分材质来选择，如纸与纸、塑料与纸等。

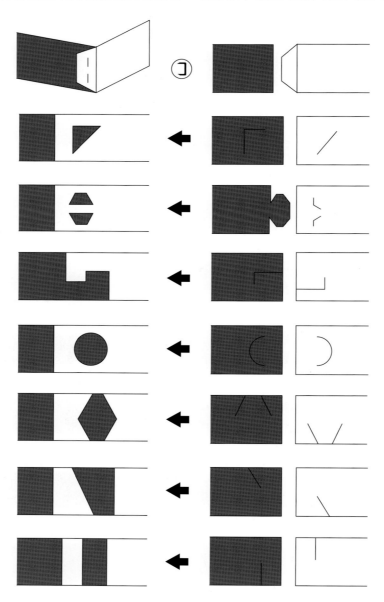

纸盒常用的固定方法

除了第一个是装订的方式，其余均是在纸张上切口，用纸张本身的结构进行锁扣，锁扣比装订或涂胶方式更方便牢固。

——— 小 贴 士 ———

如何巧妙应用展开图

　　对于艺术设计专业的学生和初学者，可以根据自身能力，学习已有的优秀的包装结构和造型，根据已有产品的展开图，对结构的设计进行改良。比如根据产品尺寸，调整现有展开图的尺寸；或根据现有的展开图的构成原理或形式，再设计一个贴合产品的新结构。

微信扫码，下载
多种纸盒展开图

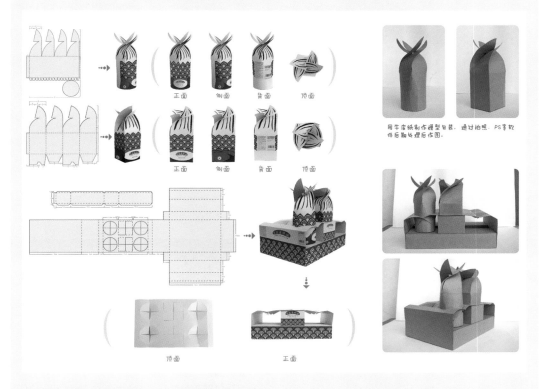

正面　　侧面　　背面　　顶面

正面　　侧面　　背面　　顶面

用牛皮纸制作模型包装，通过拍照，PS等软件后期处理后作图。

顶面　　　　　　　正面

鳕鱼肝油的包装设计，一谷清琉 OB 设计

设计之初确定包装结构展开图非常重要。设计师采用了鱼形仿生式包装盒，包装盒身设计成鱼形，开口处采用鱼尾形插接，具有吸引力和观赏性。另外还设计了方形的展示台包装盒，将六条"鱼"包装组合在一起，既能展示又能促进销售。

学习任务

纸盒包装结构的练习与设计

任务一：选择喜欢的纸盒展开图，手工制作成纸盒小样，熟悉纸盒结构样式；练习第 78 页提供的纸盒常用的固定方法。

任务二：纸盒包装结构的展开图设计。

要求：在前面学习任务中已完成的视觉元素设计的基础上，选定合适的纸盒包装造型，将视觉元素应用在纸盒展开图上。

提示：注意视觉元素在展开图不同位置上的方向，需打印制作小样检查。当然，如果在创意之初，就根据设计主题选制包装结构，那会更加贴合产品属性的要求。

第五章

材料和工艺设计

包装材料的选择
包装印刷工艺

5

第一节　包装材料的选择

案例：Mutti 番茄制品食品包装设计

Mutti 是意大利番茄加工领域的杰出代表。Auge Design 为 Mutti 番茄酱设计了六个特别款包装：四款罐头（番茄浆、樱桃番茄、去皮番茄、达特里尼番茄），一款番茄泥玻璃瓶，一款番茄浓缩管和一款牛皮纸对裱纸板包装。设计旨在凸显高品质的产品所传递出的未来和过去之间的对话。包装外部将金色与象牙色进行对比，选用丝网印刷、专色印刷、烫金工艺等，承印在锡罐、玻璃、复合材料和纸板材质上，给人以豪华之感。该系列包装曾荣获 2018 Dieline Awards Best of Show 和 2018 Pentawards Diamond Best of Show 等国际包装大奖。

Mutti 品牌番茄罐头、番茄泥玻璃瓶、番茄浓缩管及牛皮纸对裱纸板包装，Auge Design
番茄包装采用了玻璃、金属、牛皮纸和复合材料，根据产品属性和规格，采用不同的材质和工艺。

　　包装的材料是包装设计的物质基础，因此，熟悉各种包装材料的性能、质地、规格、用途是包装设计重要的一环。目前，常用的包装材料有纸张、塑料、金属、玻璃、木质五大类；特殊包装材料有陶瓷、纤维织物、天然包装材料等。在符合产品包装要求、美观、结构安全等前提下，合理利用包装材质才能达到最佳效果。

一、纸张包装材料

　　纸张运用广泛，有重量较轻、成本低廉、便于印刷、利于回收等诸多优点，深受广大商家的喜爱。以纸张作为产品信息的载体，可以使产品外观造型多变，富有个性，能增强产品包装整体的艺术性，给消费者耳目一新的视觉体验。从事包装设计的人员需要对纸的结构和印刷特点有较为广泛、深入的了解，才能更好地掌握纸张特点，充分体现纸张在包装中的价值。

　　常用纸张包装材料有铜版纸、哑粉纸、白卡纸、瓦楞纸、牛皮纸等。特种纸张包装材料以其表面特殊纹理和功能可分为外包装纸和包装装裱纸两大类。纸板主要有白板、灰板等。

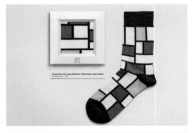

Artsocks，袜子包装，Backbone Branding
包装设计契合艺术袜子的理念，利用纸盒画框结构，将艺术袜子框进"画框"中，展示于墙上，袜子如同绘画杰作，摇身一变成为"袜子画"，可作为别出心裁的新潮礼物，充满高雅的艺术品位。

1. 涂布纸

　　铜版纸，又称印刷涂布纸、粉纸，原纸表面涂有一层白色涂料，表面光滑，白色度高，纸质纤维分布均匀，厚薄一致，有较强的抗水性，对油墨的吸收性与接受性适中，适合多色套版印刷，印刷后色彩鲜艳，层次分明，图案清晰。

　　哑粉纸，又称无光铜版纸，与铜版纸规格、性能基本一致，但不如铜版纸反光强烈，印刷后色彩更细腻，更显高雅。

铜版纸常见规格及应用范围

规格	应用范围	说明
105g ~ 200g	普通包装盒的裱纸	纸张稍轻薄，使得印刷品遮挡性一般，挺度稍弱
200g ~ 250g	产品内置包装袋、卡片盒、包装盒等	纸张厚度较高，挺度尚可，但造价稍高，适合大公司和追求品质的客户选择
300g ~ 350g	高档画册封面、卡片、名片、请柬、药品盒、玩具包装、手提袋等	应用范围较少，造价高，与相同克数的其他类型纸张比较，缺乏特色和艺术感

2. 白卡纸

白卡纸又称白板纸，纸张纤维组织相对均匀，质地比一般纸张紧密，在印刷中吸墨性良好，纸张自身韧性较强，耐折度高。

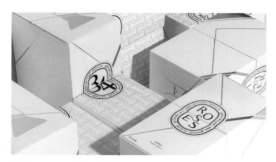 

法国 Diptyqnue 品牌香水包装，Sebastien Servaire, Justine Dauchez, Candido Debarros, Thomas Chouvaeff
白卡纸包装盒，韧性好，表面光滑细腻，适合烫金等印刷工艺。

白卡纸规格及应用范围

名称	规格	应用范围	说明
白卡纸	250g ~ 300g	手提袋、小型医药类包装、食品纸质内盒、月饼内盒、烟盒、高档牙膏盒等	这类规格纸张软硬、厚薄适中，适用范围较广，成本较低
	350g ~ 450g	高档酒品纸盒、化妆品包装盒、手表包装纸盒等	这类规格纸张硬度强，厚度高，不易成型，适用范围较小，成本较高
	500g	拼装包装、高档装裱茶叶盒、流通性 CD 包装盒、精装书函套等	这类规格纸张硬度与厚度极高，不易成型，要通过切割拼装成型，适用范围小，成本高
灰卡纸	250g ~ 300g	五金产品外包装、普通食品外包装、粉笔盒等造价较为低廉的包装盒	制造这类规格纸张的原料来源较为广泛，成本很低，重量相对于白卡纸轻便，较软，易折叠，可回收
	350g	较为高档的装裱茶叶盒、手提袋、中高档服装包装盒、CD 包装盒、领带盒、中档鞋盒等	这类规格纸张的适用性强，质量相对稳定，纸质较为厚实、坚挺，印刷色彩相对均匀，但易吸湿，有翘曲变形的现象产生
	450g	食品包装盒（月饼盒、酒盒、茶叶盒等），化妆品盒，手机盒，CD 包装盒，高档服装盒（保暖内衣盒、高档衬衫盒、领带盒、鞋盒），高档床品包装盒	这类规格纸张有较高的挺度、耐破度和平滑度，纸面平整、外观整洁，相对其他克重纸张，价格略高一些，但与同克重白卡纸比较成本仍是较低的

3. 瓦楞纸

瓦楞纸由面纸、里纸和加工成波形瓦楞的瓦楞芯纸通过黏合而成。瓦楞纸根据市场需求，结合自身强度、抗压性、缓冲度等可分为不同规格，有不同的功能和特性。瓦楞纸有单面瓦楞纸板（又称双层瓦楞纸板，由一层瓦楞芯纸和一层面纸加工而成）、三层瓦楞纸板（比单面瓦楞纸多一层面纸），五层、七层瓦楞纸板等，层数越多，强度越高。从包装市场整体表现看，瓦楞纸以其独特结构、高强度的抗压性、现代化的精美印刷、低廉的价格，深受家电、食品、手机、化工等行业产品的青睐。

瓦楞纸可以运用胶印和丝网印刷两种形式。胶印是在纸板未加工前，选定贴面纸后印刷图案，等晾干色墨后通过胶装机对贴加工，印刷图案精美，色彩亮丽。丝网印刷可针对已成型的瓦楞纸进行单色或多色印刷，但相对胶印而言，其颜色单一、图案简单，在品质方面逊于胶印。

ADDA 鞋盒包装，Somchana Kangwarnjit
鞋盒采用瓦楞纸，盒型为抽屉式，包装外观采用集装箱的造形和色彩，充满时尚感，突显潮鞋调性。

瓦楞纸规格及应用范围

规格	应用范围
单面瓦楞纸板	一般用作商品包装的贴衬保护层，或制作轻便的卡格、垫板，以保护商品，使其在运输过程中免受震动或碰撞，可用于食品包装、饮料包装等
三层瓦楞纸板	此类规格的瓦楞纸板具有一定的抗压性，能有效保护内部的商品，而且在表面可以承印亮丽多彩的图形和文字，能制作精美的包装，更可宣传和美化内在的商品，可用于香水包装、化妆品包装、速冻食品包装、保健品酒类包装等
五层瓦楞纸板	用此类瓦楞纸制作的包装抗压性较强，可以用作易碎物品，以及蔬菜、水果等水分较多的食品的包装箱制作，也可以制作直接用于销售柜台展示的包装盒、促销包装盒，例如小型家电、电子产品、手机等的包装盒
七层至十一层瓦楞纸板	主要为工业机电、家具、摩托车、大型家电等制作包装箱。在特定的商品中，可以用这种瓦楞纸板组合制成内、外套箱，易于制作，便于商品的盛装、仓储和运输

4. 牛皮纸

牛皮纸是一种表面纤维粗糙、多孔、平滑度低、质地松软的纸张，有单面光、双面光和带条纹等种类，主要特点是柔韧结实，在承受较大拉力和压力时不易破裂。常见的各种型号的信封、纸胶带、档案袋、手提袋、瓦楞纸板等都多用牛皮纸制作。没有经过漂白的原色牛皮纸，多呈土黄、褐黄、浅黄、灰黄等颜色，而经过漂白处理者，则为白色。食品加工行业对牛皮纸的应用由来已久，从面包房到快餐店，经营者越来越多地将牛皮纸作为一种通用的食品包装。

5. 特种纸

特种纸也称艺术纸，与前述的普通纸存在着很大的区别。特种纸具有丰富的色彩和独特的纹理，拥有独特的艺术魅力。特种纸的出现可弥补包装设计的单一性，但运用时需要设计师独具匠心。

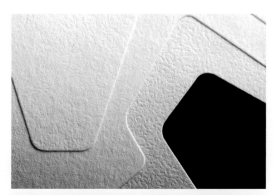

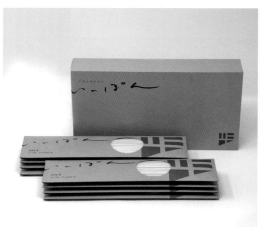

日本 IPPO'N 品牌面条包装，Masahiro Miyazaki
牛皮纸材料给人一种质朴环保的感觉。

Valentina Passalacqua Winery·Litos，酒包装，Mario Di Paolo
瓶贴使用三种不同色调和肌理的白色特种纸，层次丰富。白色纸代表原料来自有机葡萄园的果子酒是天然的，三层叠加代表果园的土质和矿石分层带。三个标签自带不干胶，可实现自动化粘贴，降低了生产成本。

特种纸选择与应用的注意事项

前提	内容	注意事项	举例
1. 选择与产品特征吻合的特种纸	需了解产品形态与功能，选择适当的特种纸，通过纸张纹理与色彩增强产品的情感传递	无需大面积的印刷，即能很好地展现特种纸的魅力，使墨色与纸色形成对比，还能降低成本	色彩鲜明的特种纸，如珠光纸、荷兰色卡、莱尼纹纸等
2. 观察并触摸特种纸的样本	利用特种纸的韧性、强度、纹理、厚度等特点，提高包装外观的品质	特种纸的纹理走向需要和装裱在一起的底纸的纹理相互垂直，以增加装裱盒的挺度与质感	/
3. 配合印刷后期工艺	印刷后期工艺包括压凹凸、UV上光、烫印、模切、激光雕刻、热烫变色等	每一种特种纸的纤维含量各不相同，较厚的特种纸纤维含量较高，而较薄的特种纸具有丰富的纹理质感，采用的工艺也应因"纸"而异	较厚的特种纸适合压凹凸、热烫、模切；中等厚的特种纸，适合激光雕刻、UV上光；较薄的特种纸可以烫印、UV上光。如彩烙纸，最高厚度为209g，采用热烫工艺后颜色会加深，形成对比鲜明的艺术效果
4. 印刷种类的选择	如需色彩鲜亮，油墨厚实，可采用丝网印刷；如需印刷效果具有清透性，可考虑胶版印刷	印刷方式对最终效果有重要的影响，依照产品特征与消费群体，选择合适的印刷方式	/
5. 印刷油墨选择	专色印刷能使包装外观华丽，印刷时，既要考虑特种纸的特征又要考虑专色油墨的成色效果	在印刷中，阴文、阳文和层次较多的过渡层面不要采用专色印刷。制版中金银两色分开制版，以保证印刷色泽	例如，新美感、稻香纸、莱尼纹纸对油墨的吸附性很强，会导致油墨中金属料附在表面，既失去光泽，又容易脱落。硫酸纸，酸性较强，与专色油墨中和会产生变色，可先上一层亮油，再进行专色印刷

二、塑料包装材料

1. 塑料包装材料概述

塑料具有重量轻、强度好、易成型、透明度高、使用便捷等特点，在各类包装材料中发展最为快速，并逐渐替代其他材料，成为现代包装中不可或缺的材料。例如在饮料行业中，塑料包装替代了大部分的铝制罐体和玻璃瓶体，现在更出现塑料瓶体的啤酒包装。

Shirokuma no Okome 品牌大米包装，Ryuta Ishikawa, Yukie Taka
塑料包装抽真空，可以防潮、防虫和防霉，价格低廉且实用方便，同时，为了保护生态，可以使用环保塑料材质。

2. 塑料包装材料分类

塑料包装材料的种类、特征及应用范围

种类	特征	应用范围		
塑料膜	强度高，防水、防油性较强，阻隔性好	已经广泛地应用于生产包装袋塑料和内包装袋塑料		
塑料容器	基础塑料为硬质包装材质，可取代木质、玻璃、金属、陶罐等包装容器。其成本低廉，可四色印刷或丝网印刷，易加工成型，防水、抗腐蚀、不与酸碱起反应，保护性能好	矿泉水包装、碳酸饮料包装、饭盒、医用类物品包装、即食食品包装袋、茶叶包装、家用电器外壳包装等		
		塑料应用标准（1 ~ 7 号）	♳ PET	以矿泉水瓶、碳酸饮料瓶包装为主
			♴ HDPE	以沐浴液、洗涤剂包装为主
			♵ PVC	以 PVC 装饰材料、日用品为主
			♶ PE	以保鲜膜、塑料膜为主
			♷ PP	以保鲜盒、微波炉加热饭盒为主
			♸ PS	以碗装泡面、快餐盒包装为主
			♹ OTHER	以水壶、水杯、奶瓶包装为主

绿色塑料包装

塑料包装就像是一把双刃剑，其优势可以解决包装中的很多问题，但同时它也会导致不可降解的"白色污染"，有毒塑料更会极大损害消费者利益。所以，世界各国相继提出了"绿色塑料包装"这一概念，它包括在保证塑料制品有益无害、卫生环保的前提下，降低技术成本，提升产品性能，实现包装材料减量化，塑料包装可以回收再利用，或可降解，减少对环境的影响，以环保、低耗为先。

吴双喜粥米包装，杨中力

米包装采用最传统的铝质盒、花布、纸和铝箔复合材料，质朴而传统的材料与米的"糙"性相得益彰，突出了贵州黔东南地区古老的原生糙米的品质特点。

三、金属包装材料

1. 金属包装材料概述

（1）金属包装材料的种类

金属包装有多种材质，如马口铁、无锡薄板、铝制材料等。虽然金属包装用量有限，但由于金属资源储量相对丰富且可循环利用，加之优良的综合性能，使其一直保持强有力的生命力，应用形式也更加多样化。

（2）金属包装的性能

① 金属材料延展性好，易加工、易成型。

② 金属的防护性和阻隔性较为优良，对于光、气、水的防护性大大优于塑料，使内装物保存期更长。

③ 金属具有良好的装饰性，表面光滑，可以进行丝网印刷。

④ 金属的不足之处是会产生化学反应，容易被腐蚀，设计时应加强金属包装内层和外层的防腐性能。

2. 金属包装材料的应用范围

（1）钢材

① 镀锡薄钢板，又称马口铁，是制造桶装、罐装的主要材料之一，大量应用于罐头、食品铁盒包装和非食品的桶装、罐装容器。

② 镀铬薄钢板，是较为新型的金属材料，也是制造桶装、罐装的主要材料之一，可以部分替代马口铁，主要用于制造食品包装、饮料包装等。

③ 镀锌薄钢板，主要应用于制造工业产品包装容器，如喷雾罐、油漆桶等。

（2）铝材

① 铝合金薄板，主要应用于罐材，可以部分替代马口铁，是制作饮料罐包装的主要金属材料，如铝罐装可乐、啤酒等。

② 镀铝薄膜，主要应用在食品、医药、烟酒、服装等方面，表面可以进行印刷，如元宵包装、即食食品包装、方便面包装、服装内包装、烟盒外包装等。

四、玻璃包装材料

1. 玻璃材料的优缺点

（1）玻璃材料的优点

玻璃作为包装工业中广泛使用的材料之一，它的优点较为突出和明显。

① 玻璃具有优良的保护性能和阻隔性能，不渗透，可以阻止氧气等气体对内装物的侵袭，可以阻止内装物的挥发，深色玻璃对外界光线有阻隔作用。

② 玻璃的化学性能稳定，无毒无异味，有一定的强度和硬度，能有效地保存内装物。

③ 玻璃的透光性好，易于造型，可结合产品本身色彩制作多变的效果，具有特殊的视觉艺术美感。

一直以来，玻璃包装材料凭借优良的性能受到美容、时尚、饮料、食品、酒类、医疗等生产商的青睐。

（2）玻璃材料的缺陷

玻璃有耐冲击性能较差，碰撞时易破损，自身重量大，运输成本高，能量消耗大等局限，这些缺陷限制了玻璃的应用。另外，玻璃有一定耐热性，但不耐温度急剧变化；有良好的透光性，但有时易使内装产品变色、变质等。

2. 玻璃包装的艺术性

设计师们针对玻璃材质的特点进行了很多的努力与尝试。例如，香水的包装除了设计别致、造型精美外，还结合丝网印刷、喷砂、烤花等，为简洁光滑的表面增添装饰美感；通过加热把金属片与玻璃完美结合；结合产品特点将玻璃材质的造型做成不规则的切面体，甚至运用浮雕等工艺；等等。设计师通过艺术性的设计，使玻璃包装拥有动人的艺术观感，与人们心目中高端产品的标准相符。

中国河南国粹五独白酒包装，凌云创意
蓝色玻璃容器的设计概念为"净"，表现企业经过多重工序生产的酒几乎无杂质，中式造型与产品的中医理念（五种中药浸泡酿制手法）完美吻合。

五、木质包装材料

1. 木材的属性

　　木材具有较高的抗损伤性、载重性，有一定的缓冲性，并且有取材广泛、制作工艺简单、利于回收、绝缘、环保等特点。很多行业中的器械运输包装都采用木质材料，以起到对商品的支撑、保护或是加固底座的功能。同时，木质纹理的自然艺术性，温和的视觉感和触觉感，是其他材料无法替代的。但作为生物材料，木材有着自身不可抗拒的劣势，如易受潮、易变形、易燃、易干裂（区域性）、不耐腐蚀等。

Tyto Alba 红酒包装，Rita Rivotti,Sara Correia，Companhia das Lezírias
木质包装盒通过镂空设计，成为小猫头鹰的家，此设计体现了生产商对自然的尊重。

2. 木质包装材料的应用范围

木材包装有大型和小型木箱之分。

木质包装材料的应用范围

种类	应用范围	材质
大型木质包装箱	主要应用于大型机械设备、仪表盘、仪表柜等包装	以松木、杨木、碎木板、生态板为主
小型木质包装箱	主要应用于小型机械设备、五金配件、电子元件、卫生洁具、建筑材料、家用电器、体育用品、食品、酒类、水果、生活用品等包装	以松木、杨木、竹木、阻燃板、细木工板为主

六、天然包装材料

1. 天然材料概述

人类最初都是使用天然材料来包裹物品的，如树叶、果壳、贝壳、粽叶、编织麻绳、稻草、木材、竹子、皮革等。这些材料包装的产品，具有浓浓的民间文化特色，也能让人感受到大自然的亲切感和质朴感。用天然材料包装的物品别有趣味，却不失功能和美观，能起到保存、防腐等功效，且一般在当地容易大量获得，商品包装成本自然就不那么高了。

泰国柚子包装，Yod Corporation Co.,Ltd

包装由天然植物编成，植物材料来自柚子的产地，使用后埋在土里能在 3 个月内腐烂降解。设计灵感来源于当地自给自足的经济理念，当地人的手工艺精湛，采用植物材料编织比塑料网更环保，也更有趣味。

2. 天然材料的运用

天然材料运用的关键是要将材料本身的纯净性和本质美真实地表达出来。没有经过加工的天然材料，外表看起来很粗糙，但它是原生态的，有浑然天成的质朴感，能使我们的心灵得到放松和慰藉。天然材料若与人工材料搭配使用，能形成鲜明的对比，可达到与众不同的艺术效果。

─── 小 贴 士 ───

日本天然包装材料的美学

中国在天然包装材料的选用方面有历史传统的积淀，而现代社会中，谈到天然材料，不得不提及日本的包装设计，表现大自然及其内涵正是日本美学的关键。

Hand-Extending' Kishimen，日本手擀面包装，Hidekazu Hirai，Maya Segawa
以两片竹条夹住盛放面条的纸包装，竹条两端以白橡皮筋缠绕固定。白纸及折叠的线条和白色扁橡皮筋代表面条，竹材料象征制作面条和食用面条的竹竿和竹筷。纸包装折叠的形式虽简单，但浓缩了面条的形式美感，竹材料内涵丰富，透露着生活美学。

学习任务

选择合适的包装材料

要求：根据包装内容物的特性和设计定位，为自己设计的包装选择合适的制作材料。

提示：如果选择用纸材料，建议去当地的纸行看纸样，不同的纸张给人的感觉会相差很大。不确定选哪种时，不如多选种类，少买数量。

第二节　包装印刷工艺

案例："捕获!! 野生乌鱼"乌鱼子包装

　　千百年来，野生乌鱼每年冬天都十分守信，在冬至前后洄游到台湾沿海产卵。冬天也是产制乌鱼子的旺季，在沿海云林渔村内，随处可见暴晒的金黄色的乌鱼子，它是台湾的传统佳肴。"捕获!! 野生乌鱼"手提礼盒包装内有三份乌鱼子，礼盒外型被设计成金属鱼篓的形状，模拟曾经用来盛装刚捕到的乌鱼的鱼篓，鱼篓礼盒亦可回收利用，可当作花盆或其他容器。当消费者将印有乌鱼的盒子从网中取出，打开包装取出乌鱼子时，就像亲自体验捕获乌鱼并将其腹部打开取出乌鱼子的过程，用完的网可以装螃蟹，包装盒可变身抽纸盒，一点儿也不浪费。包装材料和印刷工艺极为讲究，鱼网用环保的蚕丝编织而成，用卢卡斯蜡染染成黑色。包装盒呈不对称的造型，模拟鱼船的形状，由手工折叠成型，而非机器制作，规格为宽220mm、深110mm、高45mm，由100%再生纸制成，盒子底部的文字用大豆墨水印刷，纸盒上运用凸版压印、烫金和蜡封等工艺。每件产品都用天然黑色松蜡，以火漆印章蜡封完成质量检验。包装整体呈现出黑、金相宜的美学效果，非常契合产品特点，因为乌鱼子也被称为海中的黑金。

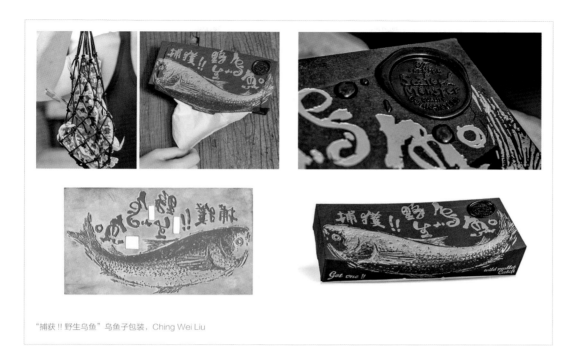

"捕获 !! 野生乌鱼"乌鱼子包装，Ching Wei Liu

一、包装印前制作基本流程

1. 整理资料

整理相关资料，核对产品和包装成品的系列、款式、尺寸、材质等要求。检查产品资料、企业标志，像素要高、尺寸要大，产品图片、产品说明信息、产品获奖信息等相关文件要完整、清晰。

2. 设计排版

创意构思与草图设计，建议在空白纸张上进行，根据产品的系列、大小、材质等多方因素提出并记录创意想法。切记：为了提高设计效率，防止思路混乱，可以小组为单位进行头脑风暴，尽量不要立刻用电脑设计制作。构思完成后可进行草图设计。

在完善草图的基础上，进行电子文件的制作。根据草图构思，对产品相关代表性图案、文字说明、产品安全认证、条形码等内容进行排版设计。

制作包装展开图，注意各元素的位置和方向不要放错，展开图的折线和裁切线不需要明显地出现在包装表面，打样的时候可以调整线条的颜色、粗细，或用标记十字等方式，来弱化样品上的辅助线。

3. 提交提案

数码印刷出设计样稿，手工制作完成包装样品，与客户面对面沟通。客户或许一时间无法接受设计思路，如果确实是很好的创意作品，可以坚持想法，主动站在客户立场说服他们。

4. 定稿与印前检查

设计方案确定后，需要讨论包装印刷的工艺方案，推演复杂的工艺流程，进行成本预算（成本预算不仅是加工包装的基础费用，还需将设计费用一并算出），完善并定稿。之后是文件整理输出和印前检查，这是非常重要的环节，应输出胶片，并将印前打样、校样交与客户确认。

5. 印刷与交接

交付包装设计文件给客户，如果有使用特殊工艺或是特殊纸张，需要交与文字和样品补充说明，而非口头交接，以便于后续加工环节顺利进行。

接下来便是印制过程，设计师和客户在必要时应到承印厂跟机，实时掌握印刷动态，确保印刷质量。之后是验收、交货、收款的工作。每次交付包装印刷成品时，可以预留一些作为样品，为后续设计总结经验。

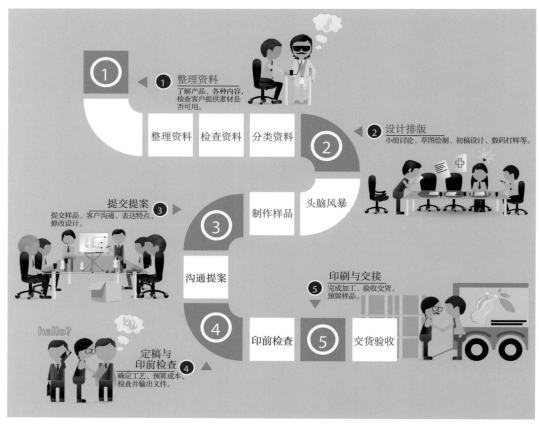

印前制作过程图，唐绍钧设计

二、包装印前检查

包装印前检查主要是在制版前对已经设计制作完稿的电子文件进行全面检查，以确保电子文件能够正确输出。印前检查内容包含 4 点。

1. 文件格式和相关链接文件

所有图形和印刷文件要存储为符合输出要求的文件格式，文件名称后缀一般是 psd、ai、cdr、id 等。电子文件输出打包时，还应该将主要文件与图像文件等放在同一个文件夹或目录中，并附文字详细记录注意事项，以提醒输出中心，确保文件交接无误。

2. 版面设置与印刷工艺

包装中图案满版或者色块单边溢出都有出血要求（出血尺寸≥3mm）。在印刷工艺方面，专色印刷需要专色版，陷印、叠印等都要进行相关设置，包装尺寸、包装模切样式、特殊工艺需要按照实际制作专业用版。因此，设计师应对印刷工艺有较为深入的学习和了解。

3. 打印纸张与色彩校正

检查打印彩色样张时，其颜色与电脑屏幕显示颜色会有偏差，这是打印机使用的墨水或者是墨粉混色原理与电脑屏幕显色原理的差异造成的。为了尽量避免色彩偏差，设计稿拼版完成后，需要到印刷车间比对印刷机的显示器颜色，同时还要跟机检查印刷颜色，以确保色彩得到准确还原。

4. 字体库字体与图形质量

字体在转换路径后不会出现丢失或乱码，但如果用到一些特殊的字体库字体，需要标明其名称并拷贝字体源文件到电子文件输出文件夹中以作备用。

图像文件都必须采用 CMYK 色彩模式，分辨率至少为 300dpi，以确保印刷质量。

—— 小　贴　士 ——

一定要避免的错误做法——素材图片太小，就拉大或加大分辨率

很多同学从网络上搜索到的素材分辨率低，最终打印出来的时候发现图片模糊，严重影响包装效果。究其原因，往往是在电子展开图上拉大了图片尺寸，或给图片设定了高分辨率，肉眼看上去觉得还可以，但实际并没有真正地将图片精度调大。建议大家最好使用原创图片，可以通过摄影、手绘或电脑绘制，设定好够用的尺寸和分辨率，最终效果一定远胜网络素材。

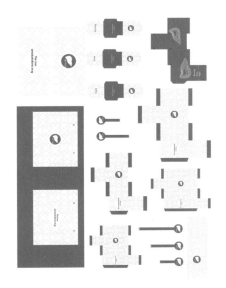

The liver，药品系列包装印前文件，作者：孔维敏，指导老师：孙敏娜
印前文件制作以 Ai 软件为主，绘制纸盒包装的展开结构，色彩模式为 CMYK，学生作品必须打印彩色小样，避免包装结构上的版式倒放，以及色彩偏差。

三、包装印刷的主要类型

包装中的印刷技术可以简单地分为传统印刷和数字印刷。传统印刷种类主要包含：平版印刷、凸版印刷、凹版印刷、丝网印刷；而数字印刷是 20 世纪以来，随着电脑技术发展产生的新事物，主要指图像复制技术、电脑直接制版、数码喷绘和无版直接印刷等。

1. 平版印刷

平版印刷是利用水油相斥的原理，由特殊的供水装置先使印版上非图文部分吸收水，图文部分排斥水而吸收油墨，将图文的油墨转移至橡皮布上，再利用压力将橡皮布上的图文转印到承印物上。平板印刷制版工序简便，成本低廉，套色准确，印刷版复制容易，可以承印大数量印刷；但因印刷时水胶的影响，色彩再现力会有所降低，鲜艳度欠缺，特殊印刷应用有限。色彩的浓淡与文件输出时设置的网点百分比正相关，因此印前检查或打样时要注意校正网点百分比数值。

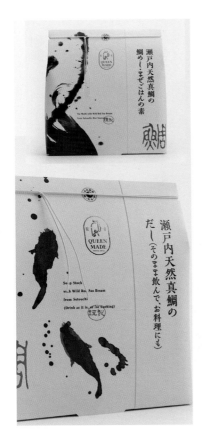

Queen Made 海产食品包装，
Grand Deluxe，Koji Matsumoto，
Aya Matsumoto

2. 凸版印刷

凸版印刷采用凸版印刷机加树脂版印刷，印刷后的材料表面呈现出高低不平的效果。由于印版上空白部分凹下去而图文部分是凸起的，因此在印刷加压时承印物上空白部分会稍凸起，从而使印刷成品表面的印痕凸起。凸版印刷的印版通常有铜版、锌版、感光树脂版等，承印材料一般为 250g 以上的纸张。由于成本较高，这种技术多用在高档包装内置卡片设计中，可进行单色或多色套版印刷。

3. 丝网印刷

丝网印刷属于孔版印刷，其原理是：印版上的图案部分是通孔，而没有图案部分的孔是堵住的，通过刮板挤压油墨经网孔渗透到承印物上，形成和原稿一样的图文。

丝网印刷对于承印物没有特殊要求，适用性广，竹、木、纤维织物、金属表面均可印刷，而且不受承印物大小或形状的限制。

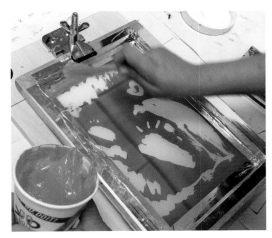

丝网印刷，孙敏娜制作和拍摄
将油墨涂在丝网印版上，用刮板对油墨部位施加一定压力，同时向丝网印版另一端匀速移动，油墨在移动过程中从网孔中挤压到承印物上。

ZOMA 有机麻产品，Pavement 设计
包装上半部分的黑色棉纸上图案用凸版压印，浮雕感的图形象征地球母亲；下半部分的米色纸上文字用凸版印刷，文字凹陷；品牌 ZOMA 文字和其两侧装饰图形，用烫金工艺。包装采用多种印刷工艺，富有质感。

4. 数字印刷

数字印刷指利用电脑输出设备直接激光印刷的过程。目前市面常见数码印刷设备有惠普数码打印机、柯美激光打印机、佳能打印机等。数字印刷优缺点很明显：① 质量因素，印品色彩鲜艳，但不适合长期保存。② 交货迅速，因为不需要传统印刷干燥或者手工作业环节。③ 尺寸限制，对于包装作品打印通常限于打印幅面，少有文印店可以打印整开幅面。④ 个性化作业，使创意设计得到无限的延伸，采用数码打印、手工制作的包装样品基本能达到成品的效果。

—— 小 贴 士 ——

如何避免数码打印色彩的偏差

很多同学打印小样的时候发现，打印出来的颜色跟电脑显示的会有很大偏差。如果想准确地找到一种颜色，使其打印在纸上时呈现出与电脑显示相同的效果，可以在电子稿上以小色块的方式排列好你想要的系列色彩，这些色块的色彩相近，但是色值都不同，把色值标在色块下。选择一家图文店，以一种色彩模式，在准备好的包装用纸上打印出排列好的色块。将打印好的专属色卡中的颜色，与电脑显示的颜色进行对比，挑选出对应的颜色与色值，就能准确找到你心仪的颜色。

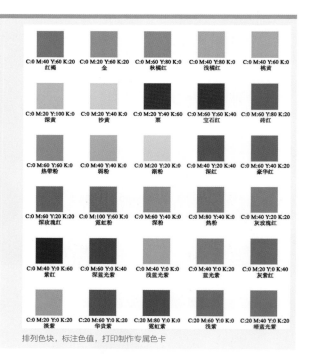

排列色块，标注色值，打印制作专属色卡

四、印刷后期加工工艺

包装印刷后期加工主要指表面装饰、装裱，其目的是为了提高包装防水性、环保性、使用性和美观性。业内所指的包装印刷后期工艺主要是以包装表面装饰为主，通常是指印刷后的一系列加工工序。

1. 激光雕刻

激光雕刻是利用激光光束与物质相互作用的特性对材料进行切割、打孔、打标、划线、影雕等加工的工艺。由于激光独特的精度和速度，在纸张表面运用能达到其他工艺无法媲美的艺术效果。图文通过矢量软件输入转换到激光雕刻程序后，光束按照程序设定蚀刻图案到承载物上。激光雕刻适用的材料范围非常广泛，常见的有纸张、皮革、木材、塑料、有机玻璃、金属板、玻璃、石材、水晶等。在纸张上，激光雕刻能轻易达到传统印刷后期加工达不到的理想效果。

喜糖包装盒，WISH MADE
激光雕刻可以雕刻精致繁复的图
案，适用于礼品包装。

2. 覆膜

　　覆膜有覆光膜和覆哑膜之分，无论任何材料，覆膜外观都应平整、通透，加工后无皱纹、气泡，黏合牢固、无脱胶。覆光膜的印刷品，其外观更鲜艳、明亮、有光泽；而哑膜则使表面呈现哑光的效果，更沉稳。膜层能提高包装印刷品的强度、挺度，且耐磨，不易被刮伤，有防水、防污的效果，起到保护印刷品的作用。

Carnero 牛肉干包装，Elena Carella，Federico Epis
食品包装外表覆膜，可以保护印刷品表面，防水、防污。

3. UV

UV 是一种通过紫外光干燥、固化油墨的一种印刷工艺，需要将含有光敏剂的油墨与 UV 固化灯相配合使用。UV 已经覆盖胶印、丝网、喷墨、移印等领域，UV 印刷的应用是印刷行业最常见的形式之一。

传统印刷界泛指的 UV 是印品效果工艺，就是在纸制品上面裹上一层光油（有亮光、哑光、镶嵌晶体、金葱粉等），主要是增强表面设计元素的亮度与艺术效果，保护产品表面，其硬度高，耐腐蚀，耐摩擦，不易出现划痕。有些覆膜产品现改为上 UV，能达到更高的环保要求，但上过 UV 工艺后的表面不易粘接，有些只能通过局部 UV 或打磨来解决。

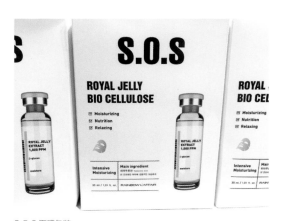

S.O.S 面膜包装
用 UV 工艺来突显小药瓶图形，好像给图形上了一层光亮的"指甲油"。

4. 模切与压痕

模切是把包装纸或材料切成所需要的形状，呈现出形式上的特殊效果；压痕是指利用钢线，在纸张或材料上压印出深浅痕迹，压痕能有效帮助纸质包装折叠成型。

Wondermade 棉花糖包装
包装展开图上的图形和色彩在边缘部位需要预留 3mm 的出血，模切后形与色才能顶边，不会留有白边。压痕是为了盒型易折叠、更美观，但要注意要压在盒子的外面，即印刷面。

小贴士

可以在深色纸上数码打印白色吗？

现在普通的四色打印机不能直接打印白色，必须选用五色的打印机，除了 CMYK 四种常见色外，还得有白色的碳粉，不过现在这种打印机非常少。若想打印白色的图形，尽量选用白色的纸张。如果一定要在深色纸张或牛皮纸上表现白色图形或文字，也可以制作白色即时贴，得到局部白色，在尺寸、面积、材质和经费等方面可具体咨询制作公司；或选择烫印白色油墨工艺，这种工艺需注意不同品种的白色油墨附着力也不一样，质量差的容易剥落。

5. 烫金

在 20 世纪 30 年代以前，人们使用金或银来制作烫金。金、银性能稳定，延展性好，制成的金属箔片是烫金的绝佳材料。现代烫金已被电化铝取代，成本低廉，同时也有较好的金属光泽，习惯上仍称之为"烫金"。

如要获得好的热烫效果，首先要选热稳性能好的金箔，其次还需要配合合适的烫金机，烫金版、金箔、温度、压力和烫压停留时间是工艺生产过程中的重点。

设计制作烫印版应注意：过于细小的线条在烫金版制作时会出现断线的可能（图形中的文字最好在 7pt 以上，线条粗细高于 1.5pt）；设计文件图形的四周最好大于实际烫印面积，这样为烫印后期裁切提供方便。烫印版不支持渐变效果，但镭射类自带渐变。

CW 电视网剧文创包装，Chese
左盒中心的字体为烫金工艺。

ΦΙΛΟΣΟΦ，葡萄酒包装，Backbone Branding
酒是古希腊哲学家的伴侣。包装纸用黑白素描的哲学家头像图形表现，以烫金工艺点缀图形和字体，白色代表灵魂，金色代表物质，寓意哲学家们从物质跨越到精神的思想旅程。文字选用三个典型哲学问题"where, why, what"作为图形元素，点燃深层次的话题。品牌"ΦΙΛΟΣΟΦ"致敬智慧，"Φ"表示希腊字母开始和结束的意思，圆形象征思想的循环往复。设计师想告诉消费者：慢下来，花点时间来反思吧。

6. 凹凸压印

凹凸工艺就是通过预制好的凹凸版模型，运用压力，使纸张表面形成凹凸的立体效果，主要用于强调某个局部，以突出其重要地位。凹凸压印是一种环保工艺，其过程没有任何污染，市场上应用非常广泛。它并不局限于局部应用，很多特种纸的艺术化纹理也是通过凹凸压印形成的。

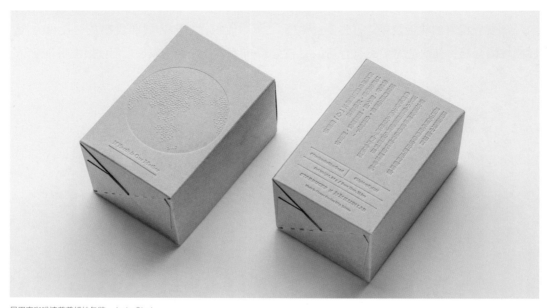

星巴克咖啡渣慈善蜡烛包装，Jade Choi
该产品是为庆祝地球日和星巴克入驻台湾 20 周年制作的，包装采用凹凸压印的方式印制图文，减少印刷污染，设计简单环保，且有质感。

学习任务

制作小样

要求：根据所学的知识，选择合适的材料制作包装小样，可综合搭配其他材料。图形、文字和色彩可通过数码打印、传统印刷或手工绘制等方式实现。将设计展开图制作成小样，根据小样效果，调整视觉元素、造型以及材料的搭配。

提示：注意数码打印和传统印刷的区别，材料的应用和印刷需注意可行性和经济成本。在确认电子稿无误后，可先用普通铜版纸打印小样，查看内容和色彩，调整完善后，再用特种纸打印，这样比较节约成本。

第六章

包装设计的系列化与展示

系列化包装的作用和形式
包装的摄影展示
包装的 VI 展示

第一节 系列化包装的作用和形式

案例：百草味系列化食品包装设计

　　百草味是一个拥有九大品类三百多个产品的零食品牌，现有产品包装设计的难题是品类和产品太多，无法形成统一的家族关系。同时，在市场竞争中，各大零食品牌的产品在品质和口味方面都趋于雷同，在包装中难以体现差异化优势。针对这些问题，采取的创意解决方案是：挖掘零食自身在形态和口感方面的特征，将其精心摆放为多样的图案，以高精度的摄影照片呈现于包装上。这样一来，解决了各个产品在延展中的统一性问题，并以包装的背景颜色来区分各个产品系列。摄影的方式有助于表现食材本身的品质感，并能快速勾起消费者的食欲。食材连续、饱满的排布形式给人以丰盛、实惠的感受。利用食物自身形成的图案，百草味建立了自己独特的品牌视觉资产，快速从市场上的竞品中脱颖而出，并与同品牌其他产品、品类和系列一起形成了强烈的品牌统一性。

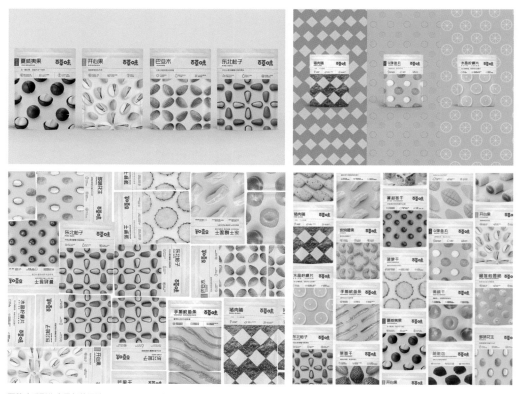

百草味系列化食品包装设计，L3 Branding 李冠儒，Zhenxing Shi, Qiaorui Wu
挖掘零食自身特点，通过摄影手法直接表现内容物，包装版式一致，以产品图形和背景色来区分系列中的不同食品。

一、系列化包装的作用

系列化包装，又称为家族化包装，给人以整齐有序的视觉效果。对消费者来讲，系列包装易于识别、辨认；对企业来说，优化了产品的多样性、组合性、统一性。

其主要做法是：制造商、经销商将同一品牌的同种或同类商品，采用同一商标图案、同一标准字体、同一形式格调进行设计，构成包装的共同特征，加深消费者对商品的印象，从而达到促进销售的目的。系列化包装的作用主要有以下几方面。

1. 助力企业品牌的打造与推广

系列化包装能为品牌形成统一视觉阵容，强化品牌意识，增强传达效果。同一企业的多种产品，以商标为中心，在多样、统一的原则下，使单一包装产生有机的联系，并组合成为系列化群体。这种组合设计的目的是加强消费者对商标和企业的印象，提高产品知名度、美誉度和信誉度，也是塑造市场形象，打造名牌商标的有效途径。

2. 良好的陈列与展示效果

系列化包装强调整体设计和商品群的整体面貌，特点鲜明、整体感强。在一般市场、超级市场的货架上，系列化包装大面积地占据展销空间，能产生强烈的视觉冲击力。系列化包装所呈现的群体美、规则美和强烈的信息传达，有利于使消费者立即识别其标记和品名，达到印象深、记得牢的效果，从而增强商品的竞争能力。

Doritos 零食包装，Petar Pavlov
系列化包装在货架上的展示效果非常抢眼，体量感十足，也能带动同系列新产品的销售。

3. 广告宣传的价值

随着社会的发展，企业更加重视产品包装品牌的管理，构筑强势品牌形象。系列化包装设计的特性就是在商品宣传中可取得以一当十的效果，只要集中精力进行包装品牌宣传，企业就能实现既减少广告开支又加强商品宣传的效果，系列化包装模式可以大大地提高广告效果的附加值。

4. 促进新产品开发

当一项产品在销售中获得消费者的信任后，就有可能引起消费者的重复购买；消费者若对一个系列中的一件产品有信任感，也会对系列中的其他产品产生好感。系列化统一的视觉形式会为商品塑造出优秀的品牌形象，从而刺激消费者的购买欲，使产品的开发和市场的扩大形成良性循环。

Albert Heijn，豆类面食包装，VBAT，Jeroen Provoost
系列包装的规格和内容物都不同，将豆类植物图形模切开窗，显露出内容物的颜色和形状，系列包装的版式无变化，变化的是开窗图形和色彩。

二、系列化包装的形式

系列化包装在设计上强调不同规格或不同产品的包装在视觉形式上的统一性，追求整体的视觉效果，但还要体现不同商品的个性，在统一中求变化，从而得到既变化又统一、丰富多彩的包装视觉效果。系列化包装的表现形式多种多样，可以通过造型、色彩、构图等形式体现。

1. 不同规格、不同内容物产品的系列化包装

为不同规格、不同内容物的多种商品设计系列化包装，可以采用统一的品牌名称、标志和主题文字字体，形成系列，这也是打造系列化包装的基本方法。具体做法是：在包装造型、版式构图、色彩等方面追求自由变化，主要突出品牌名称和标志，并运用鲜明统一的字体，给消费者以强烈的视觉感受，加深消费者对产品系列的印象，以争取市场和扩大销路。

2. 不同容量规格、同类产品的系列化包装

不同容量的同类产品包装可采用相同的造型、图案、文字、色彩来形成包装的系列感。这种形式力求在统一中求变化，有利于突出商品的独特形象，满足消费者对不同容量的购买需求。

3. 不同内容物、同类产品的系列化包装

不同内容物的同类商品可以通过相同的品牌名称、构图形式、表现手法和造型来形成系列感，在此基础上，根据不同内容物设计不同的造型、图形、色彩等，以达到变化多样的系列化效果。

AGROYAN'S，罐装食品，Backbone Branding
根据"夏日守护者"的概念，瓶贴上的手绘插图直观地表达了每一种规格罐装食品的个性。设计进入市场 4 个月后，该公司的销售数据稳步上升，基于反馈，生产商决定次年的产量提高 50%。目前该公司的系列包装已经发展到 60 种。

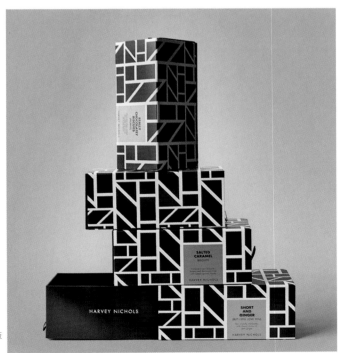

Harvey Nichols，食品包装，&+Village
同类食品系列包装，采用一致的黑白抽象图形和文字版式，用不同的标签底色区别不同的内容物。

4. 不同内容物、同类造型与规格产品的系列化包装

采用统一的包装容器与同样的视觉设计方案，如相同的版式、风格、图形等，但对包装的色彩、图案做改变，如果集中陈列展示，会形成强烈的视觉冲击力，又增强消费者对产品的购买欲。

5. 多品种不同造型产品的系列化包装

对于同一企业不同形态、不同规格的产品，除采用统一的商标、字体外，还可以采用同类型的构图形式和表现手法，使它们具有灵活多变的造型、规格和色彩的同时形成统一的系列化特色。

Harvey Nichols，食品包装，&+Village
造型与规格相同的系列包装，可以用色彩区别内容物。

Harvey Nichols，饮食包装，&+Village
系列饮食产品包装中，饼干和咖啡等多品种内容物的包装采用高端化妆品的外观和质感，虽然尺寸、色彩和材质有变化，但是抽象图形、金属质感、文字版式以及简约风格没有变，系列包装具有家族特征。

6. 同类产品组合性系列化包装

这种类型主要是将多种同类的产品分别包装，再装在一个包装容器中，达到多样统一的系列化效果。

　　系列化应在共性中强调个性，从包装的功能和艺术表现上讲，系列化包装和其他商品包装的基本原则相同，不同之处在于突出个性的同时更强调包装视觉上的共性。设计师需要思索和研究系列化包装的系列化特点与表现商品特性之间的形式关系和手法，以适应现代商品竞争和消费者的审美需要。

Waterdrop 品牌 microdrink 包装，The Austrian water company KVELL
同类产品组合性系列化包装，不仅要考虑到包装结构如何保护组合在一起的产品，而且要美观、经济和便利。

—— 小 贴 士 ——

系列化包装到底要做多少个？

对于自定题目的包装作业，很多同学都会问这个问题。其实系列化包装是一件作品，这一件作品肯定不是一个包装，至少要有两个包装，具体数目需要根据产品内容物、规格或组合关系等确定。但这两个或多个包装要有家族化的关系，也就是说它们是兄弟姐妹，它们要有家族特征，长得不一样但又很像一家人。设计的关键在于把握造型、材质、色彩、图形、版式等之间的关系，只要抓住其中一个或几个不变的特征，其他特征稍加变化，就可以成为家族化包装。对于学生的作业来说，不变的特征越多，系列化包装就越容易把控。

Honey，蜂蜜包装，作者：徐明月，指导老师：孙敏娜
系列包装的色彩、版式、结构和材质都没有变化，只是在规格上做了改变，制作了大、中、小三个尺寸的六边体结构，组合在一起看上去非常有体量感。

学习任务

设计和制作系列化包装

要求：调整好第五章制作的包装小样后，根据产品定位和系列化设计方式，为其设计和制作系列化包装。

提示：若是自定题目，无需盲目追求系列化包装的数量，要根据产品种类和客户要求而定。

第二节　包装的摄影展示

案例：Mirzam 巧克力包装设计

Mirzam（米尔扎姆）是来自迪拜的手工香料巧克力，由 Backbone Branding 设计，从命名、标志设计、产品设计、包装设计到摄影，品牌设计的每一个元素都围绕着核心概念，讲述着引人入胜的神话故事。通过精心拍摄的图片，我们能了解这套系列包装的创作思路。巧克力品牌名"米尔扎姆"，是指大犬座的 β 星，在航海时代，闪耀着蓝白光芒的米尔扎姆是水手们夜间航行参照的主要恒星之一。

该包装的摄影展示抓住了巧克力包装设计所围绕的核心概念，帮助观者理解设计精髓。在封套上可见黑白线条的怪物将彩色的香料船吞没，当取下黑白封套，会发现包装里层的绚烂色彩，摄影画面中，清晰可见星光和海洋浮游生物的彩色插画细节。摄影展现出包装设计的用心之处，将包装从外到里、从整体到细节展现在我们眼前，优秀的摄影能使包装设计呈现得更加精彩。

系列包装组合：带封套的系列组合

系列包装组合：拉开封套后的效果

个体包装：包装封套拉开过程示意图

个体包装：产品说明细节

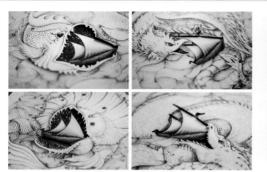

系列包装：封套的各处细节

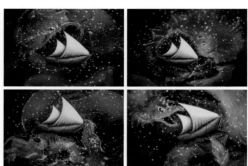

系列包装：内包装的各处细节

内容物：内包装及内容物

内容物：内容物纹理细节

个体包装：六视图中的正视图

Mirzam 巧克力包装设计，Backbone Branding

制作过程拍摄

一、摄影对于包装的作用

包装设计是产品的外衣，摄影则对包装设计的展示起到重要的作用。电子商务时代，商品除了放置在商场、超市的货架上，还会通过摄影照片在网络的电子货架上展示，或是印刷在单页或宣传册上。近来，我们对商品的了解越来越依赖于网络上的照片，因此摄影也对商品包装的展示起到越来越重要的作用。通过摄影把商品的功能、用途、品牌内涵和艺术技术完全展现在消费者眼前，这是传统货架无法企及的。当下网络媒介中图片传播速度之快，覆盖率之广也是其他媒介无法比拟的。因此，对于当今的商品销售，包装很重要，摄影更重要。

二、摄影的灯光和构图

商品包装的拍摄在整个摄影领域较为特殊，主要需关注灯光和构图两方面。

包装和产品的材质非常丰富，纸制品、塑料、金属、玻璃、棉麻等，不同的材质对灯光的要求也不尽相同。首先，在拍摄之前，需要针对商品的材质设置不同的光位，这样才能衬托出质感。其次，摄影的画面色彩需要既丰富又统一，无论是背景色还是道具色彩，都要围绕商品的需要进行配置，要营造气氛并凸显商品的主角地位。

Libero Touch，瑞典纸尿布包装，Amore Brand Identity Studios，Jörgen Olofsson
Libero Touch 是世界最大的纸尿布生产商之一。摄影创意表达了让劳斯莱斯级别的纸尿布为婴儿提供服务。

鱼俱乐部葡萄酒包装，Backbone Branding
摄影通过灯光和背景色的运用，营造氛围，突出鱼形瓶套造型，展示镜面金属纸包装和瓶贴的质感。

　　构图是摄影重要的语言，好的构图形式可以使商品得以更巧妙地展示。照片上下、左右的边框如同绘画作品的画框一样。常见的构图形式有三角形横向构图、分割构图和动态线构图等。包装、产品和道具摆放的方式很大程度上决定了构图的好坏。比如，体量小、数量少、包装造型单一的商品可以平铺，俯视拍摄显得大气而壮观。重心高、三角形造型的包装，不适合平铺俯视拍摄，可以立起来正面拍摄。产品较多时需注意组合，如同绘画中静物的组合关系，将众多商品摆放出层次感和组合感，构图的立体感也会增强。

面包和果酱包装，Backbone Branding
俯视拍摄的方式适合体量小、包装造型单一的商品，适合配合道具平铺拍摄。

洗漱产品包装，Backbone Branding
利用三角形横向构图拍摄的包装，画面稳重，层次丰富。

酒包装，Backbone Branding
右图利用动态线构图拍摄的包装，要比左图拍摄包装的整体效果迷人得多。

三、摄影道具的选择和搭配

　　无论室内还是室外，道具的搭配和场景的选择对于商品的拍摄都至关重要。道具和场景不仅能烘托气氛，而且能诠释商品的用途和消费体验。道具的不同带来的图片视觉效果也不同，所以我们要合理地选择场景，巧妙地选择道具，使商品的特性得到淋漓尽致的展现。

四、摄影流程和方式

　　对于学生作品的拍摄，一般流程是先拍个人作品，再合拍小组系列作品。个人作品拍摄的顺序是：系列包装整体、组合关系、细节、内容物、个体包装、个体包装六视图、

利用场景和道具凸显商品的特性

产品制作过程等。这个流程结束可以换不同构图、角度、场景和道具再拍几套。小组系列作品的拍摄与个人作品拍摄顺序一致。

小 贴 士

系列化包装拍摄小技巧——景深表现

　　景深就是照片中清晰成像的范围，景深越浅，背景越虚化，虚化的背景效果和清晰的主体物（产品包装）对比，能产生意外的美感，这是包装细节拍摄时的常用方法。

Louis Charden 包装，Backbone Branding
拍摄包装时以景深表现，绿色饮品和浅色面包在前，画面清晰，质感丰富；黄色饮品和深色法棍在后，画面模糊，与前景的清晰质感形成虚实对比。

学习任务

系列化包装摄影

　　要求：到摄影棚拍摄作品。将前期设计制作的课程包装作业整理好，准备道具，协调系列化包装和道具的布局、拍摄整体、组类及细节。

　　提示：光源要充足，背景根据包装需求选择，对焦清晰，注意系列包装组合展示的摆放，以及拍摄的角度。

第三节　包装的 VI 展示

案例：The Shack 海鲜饮食品牌形象设计

Backbone Branding 为 Allied Brothers CO. 设计的 The Shack 海鲜饮食品牌形象中包括包装设计、标志设计、图形设计和菜单、名片、服饰等延展设计等，设计工作标准之一是始终让品牌形象传达相同的本质。我们可以借鉴视觉形象设计的思路来开展包装设计。"The Shack"，即木屋，是位于阿布扎比的一家经营海鲜食品的餐馆，标志结构将商品名呈现在一个小屋形象中。根据品牌概念，当你走进 The Shack 小木屋，屋主会用美味的海鲜招待你。为了节约成本，设计师雕刻出海鲜图形的模板和字体模版，用模板喷漆画为小餐馆设计制作包装，这种简单的包装印制形式并未影响餐馆品位，反而使其风格和定位更加鲜明，此外，动态旋转图形和色彩变化，也让 The Shack 品牌更显魅力。包装设计以彩色为主，黑色和牛皮纸色为辅。黑色包装传递了夜海的理念，牛皮纸材料淳朴自然，选择蓝色和红色作为品牌标准色，表示深海和煮熟的海鲜，品牌元素凝结了海洋氛围和新鲜概念。

VI 中的标志设计

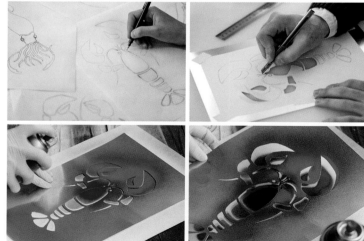

VI 中的基本图形设计

VI 中的标准色设计

微信扫码，看动态包装展示

VI 延伸展示部分：将标志基本图形应用于食品包装袋

VI 延伸展示部分：运用辅助图形的纸质包装

VI 延伸展示部分：纸质包装

VI 延伸展示部分：饮品包装

VI 延伸展示部分：布质包装

VI 延伸展示部分：手拎袋

VI 延伸展示部分：杯垫

VI 延伸展示部分：餐厅菜单

VI 延伸展示部分：信封、信纸和名片

The Shack，海鲜饮食品牌形象设计，Backbone Branding

　　包装设计是 VI 设计的重要部分。如果能以 VI 的理念展示包装设计，强化包装品牌，那么作品将会呈现出更有体系感的效果。

一、包装 VI 的基础部分

　　标志是包装 VI 中最基础、最核心的部分。标志的设计凝聚了设计师较多的心血。在展示方案时，可将标志设计的草图、过程稿、标准制图、设计说明图等进行编排设计，根据商品属性以合适的风格设计版面，以凸显包装设计特点。

　　标准色直接影响商品属性的传递，它具有明确的视觉识别效应，在市场竞争中具有特殊的威力，在展示时，突出包装标准色的做法能达到出奇制胜的效果。

二、包装 VI 的延伸部分

　　标志、基本图形、标准色在系列包装、手拎袋、名片、单页、海报、店铺门头、室内空间等众多载体上的应用，是包装 VI 在企业其他部位的延伸展示。这种全方位统一的展示有利于加深包装形象在消费者心中的印象，起到全面宣传的作用。

　　系列包装、手拎袋、名片等可制作成实物后进影棚拍摄；单页、海报可以根据主要元素进行电子版式设计；店铺门头、室内空间等对于视觉传达专业较难实现，可以结合相关素材用电脑制作。

　　包装的 VI 展示需要注意版式统一、和谐且有特色，在展示的内容中，加入产品的图片、地域风情图片、人物图片等，能大大调动展示气氛，并增强包装的吸引力。

"滇仓"食品包装的 VI 展示
在 VI 展示中加入产品的摄影图片，能增强包装展示的吸引力。

"滇仓"食品包装的 VI 基础设计和延伸设计展示，7yabrate 设计

Chip NYC 甜饼店品牌包装的 VI 展示，Saint-Urbain

___ 小 贴 士 ___

提升包装设计效果小技巧——智能 PSD 的运用、场景道具的运用、动态图的制作和采用 VI 设计思路

　　如果同学们第一次设计的包装作品数量少、体量小，或色彩、图形、造型相对单一，可以使用智能 PSD，即样机，制作包装电子稿。场景道具的使用能大大增强包装摄影的视觉感染力。动态图的制作需要掌握一些软件使用技能，可以用 PS 制作 GIF 动图，动图不需要多复杂，只需要简单的变化能让包装动起来就行。最终以 VI 设计的思路展现包装设计整体的过程，从调研到草图、从方案到定稿、从设计过程到终稿包装，可以将细节的图片都展现出来，这样能大大丰富最终包装设计的展示效果。

学生作品《华灯赏月》月饼包装，作者：曹梦雨、陈莹、段焰翔、冯宇、蒋萍，指导老师：孙敏娜
使用样机制作效果图，见效迅速，不仅能看到电子稿标志和图形在造型上的效果，还能看到材料和工艺的质感。

微信扫码，看动态图示例

Esselon 咖啡包装，Brigadebranding
咖啡场景道具的使用能增强包装摄影的视觉感染力，看图片似乎能闻到咖啡的香气。

学习任务

包装的 VI 展示

　　要求：将拍摄好的摄影图片精修后，根据产品属性，以包装 VI 展示的思路精心编排最终的包装展示效果图，并设计包装动态图。

　　提示：注意包装 VI 展示投放的媒介是手机还是电脑，横幅、竖幅的尺寸需要考虑。